建筑工程安装职业技能培训教材

电 焊 工

建筑工程安装职业技能培训教材编委会　组织编写

朱家春　主编

中国建筑工业出版社

图书在版编目（CIP）数据

电焊工/建筑工程安装职业技能培训教材编委会组织编写，
朱家春主编. —北京：中国建筑工业出版社，2014.12
建筑工程安装职业技能培训教材
ISBN 978-7-112-17304-4

Ⅰ.①电… Ⅱ.①建…②朱… Ⅲ. ①电焊-技术培
训-教材 Ⅳ.①TG443

中国版本图书馆 CIP 数据核字（2014）第 223017 号

　　本书是根据国家有关建筑工程安装职业技能标准，结合全国建设行业全面实行建设职业技能岗位培训的要求编写的。以电焊工职业资格三级的要求为基础，兼顾一、二级和四、五级的要求。全书主要分为两大部分，第一部分为理论知识，第二部分为操作技能。第一部分理论知识分为四章，分别是：识图知识；金属材料知识；焊接知识；焊接相关知识。第二部分操作技能分为四章，分别是：焊前准备；焊接；焊后检查；安全生产。

　　本书注重突出职业技能教材的实用性，对基础知识、专业知识和相关知识需要掌握、熟悉、了解的部分都有适当的编写，尽量做到图文结合，简明扼要，通俗易懂，避免教科书式的理论阐述、公式推导和演算。是当前建筑工程安装职业技能鉴定和考核的培训教材，适合建筑工人自学使用，也可供大中专学生参考使用。

　　责任编辑：刘　江　范业庶　岳建光
　　责任设计：张　虹
　　责任校对：陈晶晶　王雪竹

建筑工程安装职业技能培训教材
电　焊　工
建筑工程安装职业技能培训教材编委会　组织编写
朱家春　主编

*

中国建筑工业出版社出版、发行（北京西郊百万庄）
各地新华书店、建筑书店经销
霸州市顺浩图文科技发展有限公司制版
北京建筑工业印刷厂印刷

*

开本：787×1092 毫米　1/16　印张：13　字数：315 千字
2015 年 2 月第一版　　2015 年 2 月第一次印刷
定价：**35.00** 元
ISBN 978-7-112-17304-4
（26088）

建筑工程安装职业技能培训教材
编委会

（按姓氏笔画排序）

于　权　艾伟杰　龙　跃　付湘炜　付湘婷　朱家春
任俊和　刘　斐　闫留强　李　波　李朋泽　李晓宇
李家木　邹德勇　张晓艳　尚晓东　孟庆礼　赵　艳
赵明朗　徐龙恩　高东旭　曹立纲　曹旭明　阚咏梅
翟羽佳

前　言

　　根据最新国家有关建筑工程安装职业技能标准，本书以电焊工职业要求三级为基础，兼顾一、二级和四、五级的要求，按照标准分为两部分编写，第一部分为理论知识，第二部分为电焊工操作技能。电焊工理论知识、操作技能是按照《建筑工程安装职业技能标准》要求的内容，结合全国建设行业全面实行建设职业技能岗位培训的要求编写。电焊工属于特种作业人员，因此，更好地理解和掌握一定焊接理论、实际操作及安全技术理论是十分必要的，不仅对工作质量是必要的保障，也是对安全工作重要保障。

　　本教材主要结构分为两部分，第一部分为理论知识，第二部分为技能操作。第一部分为理论知识分为四章，第一章识图知识，主要内容包括：尺寸标注、正投影的基本知识、剖视图的表达方法、常用零件的规定画法及代号标注、焊缝符号表示方法及焊接装配图；第二章金属材料知识，主要内容包括：金属材料知识、常用钢材的分类、牌号和性能；第三章焊接知识，主要内容包括：焊接冶金知识、焊接工艺基础知识、焊接材料相关知识、焊接缺陷；第四章焊接相关知识，主要内容包括：电工知识、焊接电弧、弧焊电源。第二部分技能操作，分为四章（从第五章至第八章），第五章焊前准备，主要内容包括：坡口准备、焊接材料的准备；第六章焊接，主要内容包括：焊条电弧焊操作技术、埋弧焊、CO_2 气体保护焊、氩弧焊、气焊与气割；第七章焊后检查，主要内容：焊缝外观缺陷检查、无损检测基础知识、焊接缺陷的返修及碳弧气刨；第八章安全生产，主要内容包括：燃烧与防火技术、爆炸与防爆技术、安全用电概念、触电事故、焊接电缆及焊钳安全技术、弧焊电源安全技术措施及维护保养、特殊焊接作业安全技术、焊接、切割过程中的有害因素及其危害、焊接与切割的劳动卫生防护措施。

　　本教材注重突出职业技能教材的实用性及特殊工种安全技术操作指导性，对基础知识、专业知识和相关安全技术知识需要掌握、熟悉、了解的部分都有适当的编写，尽量做到图文结合，简明扼要，通俗易懂。是当前职工技能鉴定和考核的培训教材，适合建筑工人自学使用，也可供大中专学生参考使用。

　　本教材是由朱家春主编，由翟羽佳、李朋泽等同志参加编写。

　　由于我们编写安装电焊工培训教材水平有限，加之时间仓促，因此教材中难免存在不足和错误，诚恳地希望专家和广大读者批评指正。

目　　录

第一部分　理　论　知　识

第二部分　操　作　技　能

第一部分

理 论 知 识

第一章 识图知识

第一节 尺寸标注

一、标注尺寸的基本要素

1. 尺寸界线

(1) 细实线绘制,并应由图形的轮廓线、轴线或对称中心线引出。也可利用轮廓线、轴线或对称中心线作尺寸界线。

(2) 标注角度的尺寸界线应沿径向引出〔图 1-1 (a)〕;标注长的尺寸界线应平行于该弦的垂直平分线〔图 1-1 (b)〕;标注弧长的尺寸界线应平行于该弧所对圆心角的角平分线〔图 1-1 (c)〕,但当弧度较大时,可沿径向引出。

2. 尺寸线

(1) 细实线绘制,其终端可用箭头,也可用斜线。

(2) 线性尺寸的尺寸线应与所标注的线段平行。

(3) 圆的直径和圆弧半径的尺寸线终端应画成箭头。当圆弧的半径过大或图纸范围内无法标出其圆心位置时,可按图 1-1 (d) 标注。

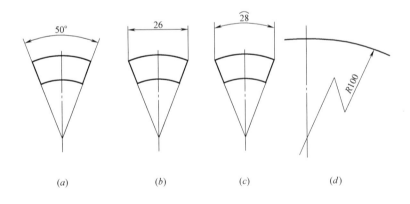

(a) (b) (c) (d)

图 1-1 标注尺寸界线画法
(a) 标注角度的尺寸界线画法;(b) 标注弦长的尺寸界线画法;
(c) 弧长的尺寸注法;(d) 圆弧半径过大时的注法

(4) 对称机件的图形只画出一半或略大于一半时,尺寸线应略超过对称中心线或断裂处的边界,此时仅在尺寸线的一端画出箭头,如图 1-2 所示。

(5) 在没有足够的位置画箭头或注写数字时,可按图 1-3 的形式标注。

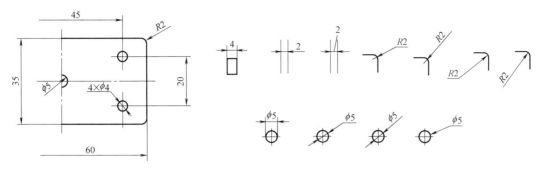

图 1-2　对称机件的尺寸线画法　　　　　　　图 1-3　小尺寸的尺寸注法

3. 尺寸数字

（1）线性尺寸的尺寸数字一般应写在尺寸线的上方。

（2）线性尺寸数字的方向，一张图样上应尽可能一致，向左倾斜 30° 范围内的尺寸数字按图 1-4（a）标注，对于非水平方向的尺寸，其数字可水平地注写在尺寸线的中端处［图 1-4（b）、（c）］。

（3）角度数字一律写成水平方向，不能用小数点表示，按图 1-5 标注。

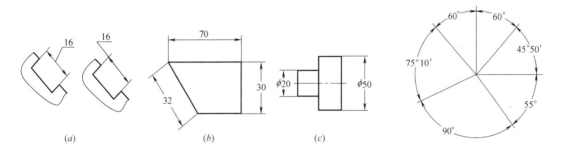

图 1-4　尺寸数字的注法　　　　　　　图 1-5　角度数字标注

（4）尺寸数字不被任何图线所通过，否则应将该图线断开。

二、常用要素的尺寸标注

1. 球面尺寸

球面尺寸注法如图 1-6 所示。

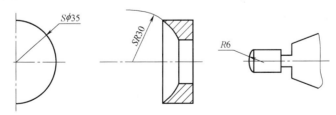

图 1-6　球面尺寸注法

2. 标注剖面为正方形的尺寸

正方形尺寸的标注如图 1-7 所示。

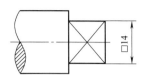 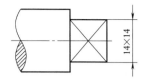

图 1-7　正方形结构尺寸的标注

3. 标注板状零件厚度时，可在尺寸数字前加注符号"*t*"

板厚零件厚度标注如图 1-8 所示。

4. 长孔标注

长孔标注如图 1-9 所示。

图 1-8　板厚标注

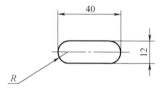

图 1-9　长孔标注

5. 斜度或锥度标注

斜度或锥度尺寸标注如图 1-10 所示。

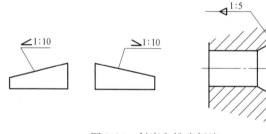

图 1-10　斜度和锥度标注

6. 45°倒角的标注

45°倒角和 45°非倒角的标注如图 1-11、图 1-12 所示。

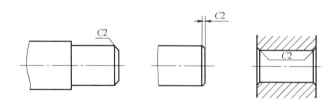 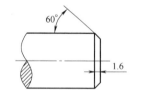

图 1-11　45°倒角的标注　　　　　　　　　图 1-12　非 45°倒角的标注

第二节　正投影的基本知识

一、投影的概念

在日常生活中，经常看到空间一个物体在光线照射下在某一平面产生影子的现象，抽象后的"影子"称为投影。

产生投影的光源称为投影中心 S，接受投影的面称为投影面，连接投影中心和形体上的点的直线称为投影线。形成投影线的方法称为投影法。

投影法分为中心投影法和平行投影法两大类。

1. 中心投影法

光线由光源点发出，投射线成束线状（图 1-13）。

投影的影子（图形）随光源的方向和距形体的距离而变化。光源距形体越近，形体投影越大，它不反映形体的真实大小。

2. 平行投影法

光源在无限远处，投射线相互平行，投影大小与形体到光源的距离无关，如图 1-14所示。

平行投影法又可根据投射线（方向）与投影面的方向（角度）分为斜投影和正投影两种。

（1）斜投影法：投射线相互平行，但与投影面倾斜，如图 1-14（a）所示。

（2）正投影法：投射线相互平行且与投影面垂直，如图 1-14（b）所示。用正投影法得到的投影叫做正投影。

今后不作特别说明，"投影"即指"正投影"。

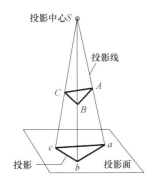

图 1-13　中心投影法

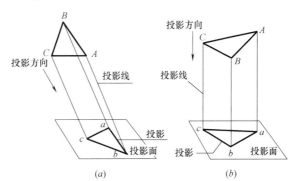

图 1-14　平行投影法

二、点的投影

1. 点投影的形成与特性

（1）三个互相垂直的投影面 V、H、W，组成一个三投影面体系，将空间划分为八个分角，如图 1-15 所示。

V 面称为正立投影面，简称正面；H 面称为水平投影面，简称水面；W 面称为侧立投影面，简称侧面。规定三个投影轴 OX、OY、OZ 向左、向前、向上为正，在三条投影轴都是正相的投影面之间的空间第一分角。

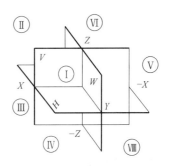

第一分角内的空间点 A 分别向三个投影面　图 1-15　三投影面体系以及八个分角的划分

5

H、V、W 作水平投影（H 面投影）、正面投影（V 面投影）、侧面投影（W 面投影），用相应的小写字母 a、小写字母加一撇 a'、小写字母加两撇 a'' 作为投影符号，如图 1-16 所示。

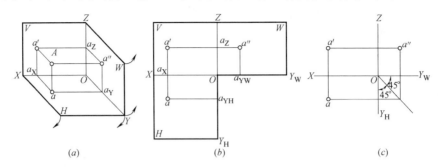

图 1-16　点的三面投影
（a）轴测图；（b）展开投影图；（c）投影图

（2）点的投影（例如 A 点）具有下述投影特性（图 1-17）。

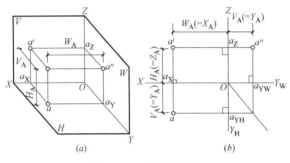

图 1-17　点的投影特性
（a）轴测图；（b）投影图

1）点的投影连线垂直于投影轴。

2）点的投影与投影轴的距离，反映该点的坐标，也就是该点与相应的投影面的距离。

点与投影面的相对位置有四类：空间点；投影面上的点；投影轴上的点；与原点 O 重合的点。

2. 两点的相对位置

（1）两点的相对位置是指空间两个点的上下、左右、前后关系，在投影图中，是以它们的坐标差来确定的。

（2）两点的 V 面投影反映上下、左右关系；两点的 H 面投影反映左右、前后关系；两点的 W 面投影反映上下、前后关系。

（3）重影点：

若两个点处于垂直于某一投影面的同一投影线上，则两个点在这个投影面上的投影便互相重合，这两个点就称为对这个投影面的重影点，如图 1-18 所示。

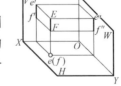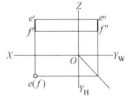

图 1-18　重影点的投影

三、直线的投影

空间直线与投影面的相对位置有三种：$\left\{\begin{array}{l}\text{投影面平行线}\\\text{投影面垂直线}\\\text{一般位置直线}\end{array}\right.$ $\left.\begin{array}{l}\text{投影面平行线}\\\text{投影面垂直线}\end{array}\right\}$ 特殊位置直线

1. 特殊位置直线及其投影特性

（1）投影面平行线

只平行于一个投影面，而对另外两个投影面倾斜的直线称为投影面平行线。

投影面平行线又有三种位置：

1）水平线：平行于水平面。

2）正平线：平行于正平面。

3）侧平线；平行于侧面。

投影面平行线的投影特性见表 1-1。直线对投影面所夹的角即直线对投影面的倾角，α、β、γ 分别表示直线对 H 面、V 面和 W 面的倾角。

投影面平行线的投影特性   表 1-1

名称	轴 测 图	投 影 图	投 影 特 性
正平线			1. $a'b'$ 反映真长和 α、γ 角。 2. $ab \parallel OX$, $a''b'' \parallel OZ$, 且长度缩短
水平线			1. cd 反映真长和 β、γ 角 2. $c'd' \parallel OX$, $c''d'' \parallel OY_W$, 且长度缩短
侧平线			1. $e''f''$ 反映真长和 α、β 角 2. $ef \parallel OY_H$, $e'f' \parallel OZ$, 且长度缩短

（2）投影面垂直线

垂直于一个投影面，与另外两个投影面平行的直线，称为投影面垂直线。

投影面垂直线也有三种位置：

1）铅垂线：垂直于水平面的直线。

2）正垂线：垂直于正面的直线。

3）侧垂线：垂直于侧面的直线。

投影面垂直线的投影特性见表 1-2。

名称	轴 测 图	投 影 图	投影特性
正垂线			1. $a'b'$ 积聚成一点 2. $ab /\!/ OY_H$，$a''b'' /\!/ OY_W$，且反映真长
铅垂线			1. cd 积聚成一点 2. $c'd' /\!/ OZ$，$c''d'' /\!/ OZ$，且反映真长
侧垂线			1. $e''f''$ 积聚成一点 2. $ef /\!/ OX$，$e'f' /\!/ OX$，且反映真长

2. 一般位置直线及其真长与倾角

（1）一般位置直线既不平行也不垂直于任何一个投影面，即与三个投影面都处于倾斜位置的直线。

（2）一般位置直线的投影特性：三个投影都倾斜于投影轴，长度缩短，不能直接反映直线与投影面的真实倾角（图 1-19）。

求作一般位置直线的真长和倾角，可用图 1-20 所示的直角三角形法。

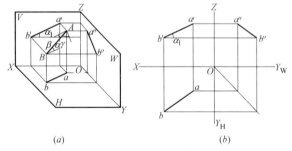

(a)　　　　　　　(b)

图 1-19　一般位置直线

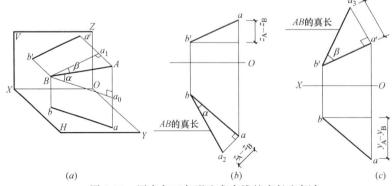

(a)　　　　　　　(b)　　　　　　　(c)

图 1-20　用直角三角形法求直线的真长和倾角

(a) 作图原理；(b) 求真长和 α 角；(c) 求真长和 β 角

3. 两直线的相对位置

两直线的相对位置有三种情况：

$$\left.\begin{array}{l}\left.\begin{array}{l}\text{平行}\\\text{相交}\end{array}\right\}\text{共面直线}\\\text{交叉}\quad\text{异面直线}\end{array}\right.$$

它们的投影特性列在表 1-3 中。

当两直线处于交叉位置时，有时需要判断可见性，即判断它们的重影点的重合投影的可见性。

确定和表达两交叉线的重影点投影可见性的方法是：从两交叉线同面投影的交点，向相邻投影引垂直于投影轴的投影连线，分别与这两交叉线的相邻投影各交得一个点，标注出交点的投影符号。按左遮右、前遮后、上遮下的规定，确定在重影点的投影重合处，是哪一条直线上的点的投影可见。

不同相对位置的两直线的投影特性　　　　　　　表 1-3

相对位置	平　行	相　交	交　叉
轴测图			
投影图			
相对位置	平　行	相　交	交　叉
投影特性	同面投影相互平行	同面投影都相交，交点符合一点的投影特性，同面投影的交点，就是两直线的交点的投影	两直线的投影，既不符合平行两直线的投影特性，又不符合相交两直线的投影特性。同面投影的交点，就是两直线上各一点形成的对这个投影面的重影点的重合的投影

四、平面的投影

1. 各种位置的平面及其投影特性

平面对投影面的相对位置有三种：

$$\left.\begin{array}{l}\left.\begin{array}{l}\text{投影面平行面}\\\text{投影面垂直面}\end{array}\right\}\text{特殊位置平面}\\\text{一般位置平面}\end{array}\right.$$

平面与投影面 H、V、W 的倾角，分别用 α、β、γ 表示。

（1）投影面垂直面

垂直于一个投影面，而倾斜于另外两个投影面的平面称为投影面垂直面。

$$\begin{cases} 正垂面：垂直于正面的平面 \\ 铅垂面：垂直于水平面的平面 \\ 侧垂面：垂直于侧面的平面 \end{cases}$$

投影面垂直面的投影特性见表1-4。

投影面垂直面的投影特性 表 1-4

名称	轴 测 图	投 影 图	投 影 特 性
正垂面	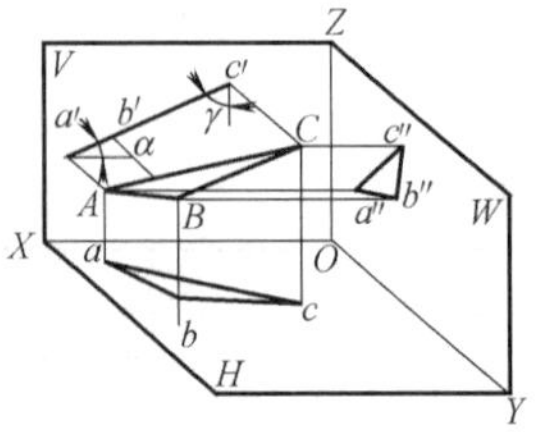	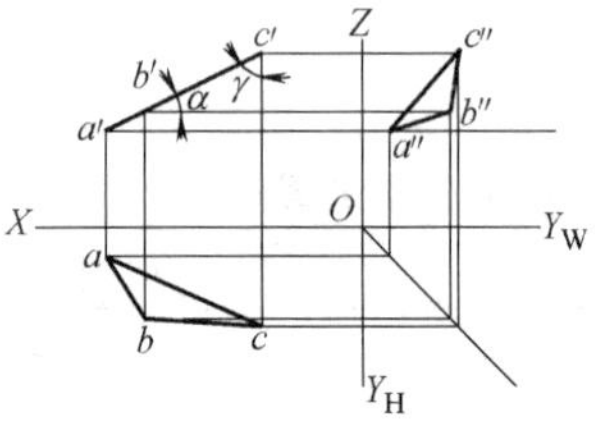	1. V 面投影积聚成一直线，并反映与 H、W 面的倾角 α、γ。 2. 其他两个投影为面积缩小的类似形
铅垂面	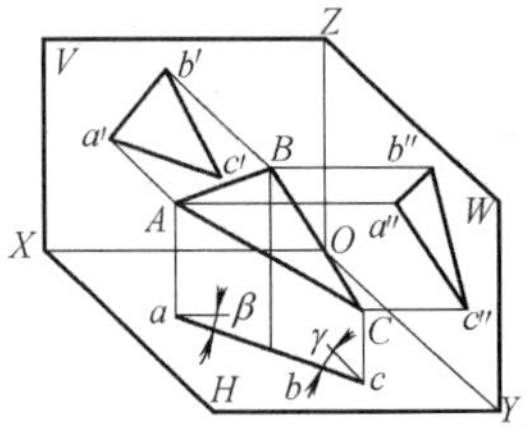	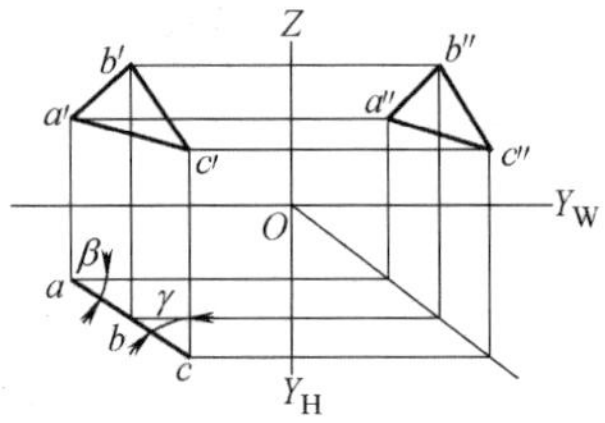	1. H 面投影积聚成一直线，并反映与 V、W 面的倾角 β、γ 2. 其他两个投影为面积缩小的类似形
侧垂面	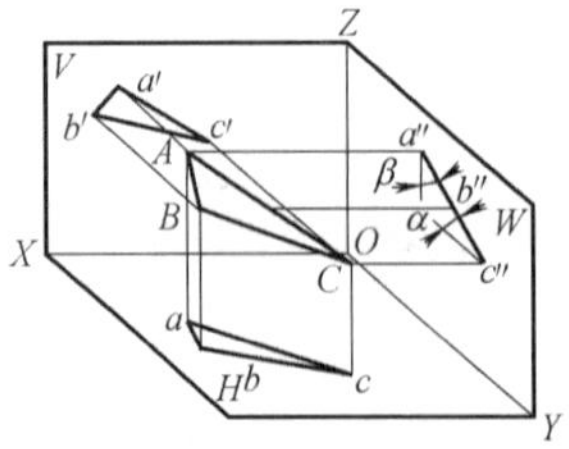	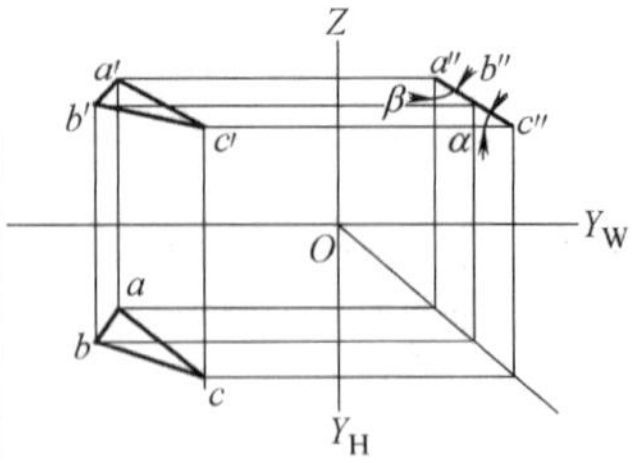	1. W 面投影积聚成一直线，并反映与 H、V 面的倾角 α、β 2. 其他两个投影为面积缩小的类似形

（2）投影面平行面

平行于一个投影面，而垂直于另外两个投影面的平面称为投影面平行面。

$$\begin{cases} 水平面：平行于水平面的平面 \\ 正平面：平行于正面的平面 \\ 侧平面：平行于侧面的平面 \end{cases}$$

投影面平行面的投影特性见表1-5。

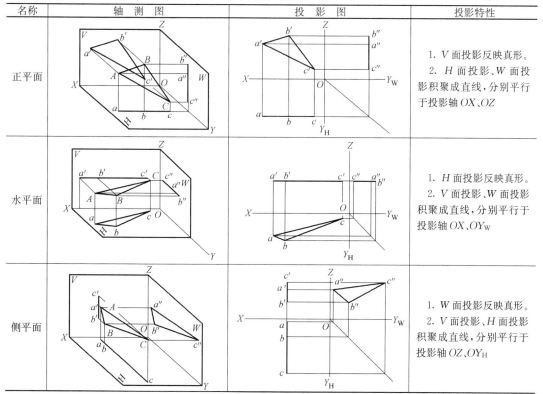

名称	轴 测 图	投 影 图	投影特性
正平面			1. V 面投影反映真形。 2. H 面投影、W 面投影积聚成直线,分别平行于投影轴 OX、OZ
水平面			1. H 面投影反映真形。 2. V 面投影、W 面投影积聚成直线,分别平行于投影轴 OX、OY_W
侧平面			1. W 面投影反映真形。 2. V 面投影、H 面投影积聚成直线,分别平行于投影轴 OZ、OY_H

（3）一般位置平面

在三面投影体系中,立体的平面对三个投影面都倾斜的平面称为一般位置平面。

一般位置平面的三个投影既不反映实形,又无积聚性,均为缩小的类似图形。

2. 平面上的点、直线和图形

（1）特殊位置平面上的点、直线和图形

特殊位置上的点、直线和图形,在该平面的有积聚性的投影所在的投影面上的投影,必定积聚在该平面的有积聚性的投影上。

利用这个投影特性,可以求作特殊位置平面上的点、直线和图形的投影。

（2）一般位置平面上的点、直线和图形

1）平面上的点,必在该平面的直线上。平面上的直线必通过平面上的两点。

2）通过平面上的一点,且平行于平面上的另一直线。

平面上的投影面平行线不仅应满足直线在平面上的几何条件,它的投影又符合投影面平行线的投影特性。

第三节　剖视图的表达方法

一、剖视图

1. 剖视图的形成

在视图中,对零件内部看不见的结构形状用虚线表示,当零件内部结构比较复杂时,在视图上就会有较多的虚线，有时甚至与外形轮廓线相互重叠，使图样很不清楚，增大看图困难。为避免上述情况，采用剖视的方法来表达零件的内部结构形状，即采用假想的剖切面将零件剖开，移去观察者与剖切面之间的部分，将余下部分向投影面投影，所得的视图称为剖视图。

2. 看剖视图的要点

（1）找剖切面位置。剖切面位置常常选择零件的对称平面或某一轴线。

（2）明确剖视图是零件剖切后的可见轮廓的投影。

（3）看剖面符号。当图中的剖面符号是与水平方向成 45°的细实线时，则知零件是金属材料。

（4）剖视图上通常没有虚线。

3. 剖视图标注

（1）剖切位置。通常以剖切面与投影面的交线表示剖切位置。在它的起讫处用加粗的短实线表示，但不与图形轮廓线相交。

（2）投影方向。在剖切位置线的两端，用箭头表示剖切后的投影方向。

（3）剖视图名称。在箭头的外侧用相同的大写拉丁字母标注，并在相应的剖视图上标出"×—×"字样，若在同一张图上有若干个剖视图时，其名称的字母不得重复。

二、常见剖视图的识读

常见的剖视图有全剖视图、半剖视图和局部剖视图，见表 1-6 及表 1-7。

剖面符号　　　　　　　　　　　　　　　　　　　　　　表 1-6

材料名称		剖面符号	材料名称	剖面符号
金属材料(已有规定剖面符号者除外)			木质胶合板(不分层数)	
线圈绕组元件			基础周围的泥土	
转子、电枢、变压器、电抗器等的叠钢片			混凝土	
非金属材料(已有规定剖面符号者除外)			钢筋混凝土	
型砂、填砂、粉末冶金、砂轮、陶瓷刀片、硬质合金刀片等			砖	
玻璃及供观察用的其他透明材料			格网(筛网、过滤网等)	
木材	纵剖面		液体	
	横剖面			

（1）全剖视图。用剖切平面把零件完全地剖开后所得的剖视图，称为全剖视图。

（2）半剖视图。在具有对称平面的零件上，用一个剖切平面将零件剖开，去掉零件前半部分的一半，一半表达外形，一半表达内形，这种一半剖视一半视图的组合图形，称为半剖视图。

（3）局部剖视图。在零件的某一局部，用一个剖切平面将零件的局部剖开，表达其内部结构，并以波浪线分界以示剖切范围，这种剖视图称为局部剖视图。

常见的剖视图

表 1-7

剖视名称	剖切平面与剖切方法	立体图	剖视图	标注	识读说明
全剖视	单一剖切面，且剖切面平行某一基本投影面			一般应标剖切位置线、剖视图名称和投影方向；有直接投影关系时可省略箭头；当剖面通过对称面且有直接投影关系时可省略标注	找剖切位置对剖视图，通过对剖视图的识读弄清零件内部结构形状。多用于外形简单、内形复杂的零件
	单一剖切面，用斜剖的剖切方法			需标剖切位置、投影方向和剖视图名称	读图时应找剖切位置和投影方向，用于倾斜部位的内形表达
	几个平行剖切面，阶梯剖切法			一般需标剖切位置、投影方向和剖视图名称。当视图间有直接投影对应关系时可省略箭头，阶梯的转折处也标剖切位置线	看清剖切位置，想象零件内形，剖切面转折处没有轮廓线。多用于零件结构呈阶梯状分布的情况
	两相交剖切面，旋转剖切法			需标剖切位置、投影方向和剖视图名称，在两平面的相交处也要标剖切位置线	找剖切位置、投影方向，注意倾斜剖切面是旋转到与基本投影面平行后再画出的零件内部结构。多用于轮、盘类零件的内形表达

13

剖视名称	剖切平面与剖切方法	立体图	剖视图	标注	识读说明
半剖视图	单一剖切面,剖切面处于对称面位置,去掉剖面前部分的一半			标注与全剖视图第一种剖切法相同	根据剖切位置看剖视图,注意这是一半表示外形,一半表示内形的组合图形。表示外形的那部分没有虚线,表示内形的那部分没有外形轮廓线
局部剖视图	单一剖切面,在零件需要处剖局部			通常不加任何标注	局部剖面在视图里,说明零件局部内形,用波浪线表示剖视与外形的分界,并画有剖面符号

第四节　常用零件的规定画法及代号标注

在各种机器设备上,都需要一些应用广泛,需求量大的零件,例如,螺栓、螺钉、螺母、键、轴承等,国家标准对这些零件的结构形式、尺寸规格和技术要求等都有统一的规定,并由专门的工厂大量生产,这类零件称为标准件。有些零件(如齿轮等)其结构形式、尺寸规格只是部分地实现了标准化,这类零件称为常用件。本章将介绍标准件及常用件的基本知识、规定画法、代号及标注方法。

一、螺纹及螺纹紧固件

1. 螺纹

螺纹是指在圆柱或圆锥表面上,沿螺旋线所形成的具有相同断面的连续凸起和沟槽。在圆柱或圆锥外表面上形成的螺纹,称为外螺纹;在其内表面上形成的螺纹,称为内螺纹。内外螺纹成对使用,可用于各种机械连接,传递运动和动力。图 1-21 是内、外螺纹的常见加工方法,图 1-22 内、外螺纹尺寸名称。

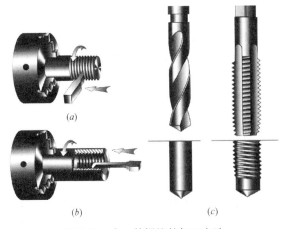

图 1-21　内、外螺纹的加工方法
(a) 车削外螺纹;(b) 车削内螺纹;(c) 钻孔、攻丝(加工螺纹)

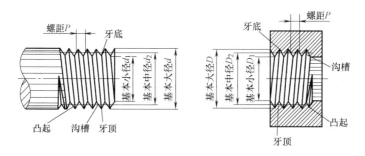

图 1-22　内、外螺纹的尺寸名称

2. 螺纹的规定画法

国家标准《机械制图　螺纹及螺纹紧固件表示法》GB/T 4459.1 规定了在机械图样中螺纹及螺纹紧固件的画法。

（1）外螺纹的规定画法

外螺纹基本大径和螺纹终止线用粗实线表示。基本小径用细实线表示（基本小径≈0.85 基本大径），与轴线平行的视图上基本小径的细实线应画入倒角内，与轴线垂直的视图上，基本小径的细实线圆只画 3/4 圈。螺杆端面的倒角圆省略不画 [图 1-23（a）]。实心轴上的外螺纹不必剖切，管道上的外螺纹沿轴线剖切后的画法见图 1-23（b）。

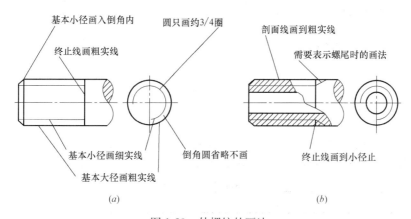

图 1-23　外螺纹的画法

（2）内螺纹的规定画法

当内螺纹画成剖视图时，基本大径用细实线表示，基本小径和螺纹终止线用粗实线表示，剖面线画到粗实线处。与轴线垂直的视图上，基本大径的细实线圆只画 3/4 圈。对于不通的螺孔，应将钻孔深度和螺孔深度分别画出，钻孔深度比螺孔深度深 0.5d，底部的锥顶角应画成 120°[图 1-24（a）]。内螺纹不剖时，与轴线平行的视图上，其基本大径和基本小径均用虚线表示 [图 1-24（b）]。

（3）螺纹连接画法

在剖视图中，内、外螺纹旋合部分按外螺纹的画法绘制，其余部分按各自的规定画法绘制（图 1-25）。此时，内外螺纹的基本大径和基本小径应对齐，螺纹的基本小径与螺杆的倒角大小无关，剖面线均应画到粗实线。

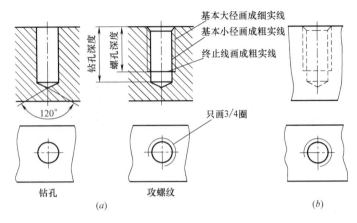

图 1-24　内螺纹的画法

（a）不穿通螺纹孔的剖视画法；（b）不穿通螺纹孔不剖的画法

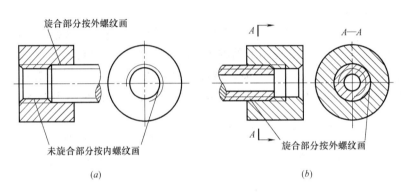

图 1-25　内外螺纹连接时的画法

3. 螺纹紧固件的种类和规定标注

螺纹紧固件包括螺栓、螺柱、螺钉、螺母和垫圈等。它们都是标准件，其结构形式和尺寸可按其规定标记在相应的国标中查出，表 1-8 列出常用螺纹紧固件标记示例。

常用螺纹紧固件标记示例　　　　　　　　　　表 1-8

名称	简　图	规定标注及说明
六角头螺栓	M16 55	螺栓　GB/T 5780　M16×55 M16 为螺纹规格，55 为螺栓的公称长度
螺柱	M16 b_m 45	螺柱　GB/T 897　M16×45 M16 为螺纹规格，45 为螺柱的公称长度，两端均为粗牙普通螺纹，B 型，旋入 b_m＝1d，不标注类型
开槽沉头螺钉	M12 60	螺钉　GB/T 68　M12×60 M12 为螺纹规格，60 为螺钉的公称长度

名称	简　图	规定标注及说明
开槽锥端紧定螺钉	M12　50	螺钉　GB/T 71　M12×50 M12 为螺纹规格,50 为螺钉的公称长度
I 型六角螺母	M16	螺母　GB/T 6170　M16 M16 为螺纹规格
I 形六角开槽螺母 C 级	M20	螺母 GB/T 6179　M20 M20 为螺纹规格
平垫圈 A 级	φ16	垫圈 GB/T 97.116 16 为垫圈的规格尺寸

4. 螺纹紧固件连接的画法规定

螺纹紧固件是工程上应用最广泛的连接零件。常用的连接形式有：螺栓连接、双头螺柱连接和螺钉连接。画螺纹紧固件连接图样时应遵守下列基本规定（图 1-26）。

（1）相邻两零件接触表面，只画一条线，非接触表面画两条线，如间隙太小，可夸大画出。

（2）在剖视图中，相邻两被连接件的剖面线应有区别，要么方向相反，要么间距不等。而同一零件的剖面线在各个剖视图中应一致，即方向相同，间隔相等。

（3）在剖视图中，当剖切平面通过螺纹紧固件和实心件（螺钉、螺栓、螺母、垫圈、键、球及轴等）的基本轴线剖切时，这些零件按不剖绘制。

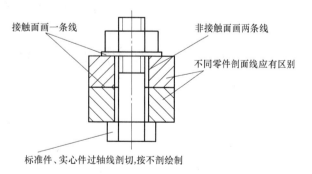

图 1-26　螺纹连接的基本规定

二、键、销连接

1. 键连接

键是标准件，它通常可以用来连接轴和轴上的传动零件，如齿轮、皮带轮等，起传递扭矩的作用。通常在轮和轴上分别加工出键槽，再将键装入键槽内，则可实现轮和轴的共同转动，如图 1-27 所示。

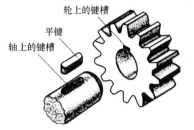

轮上的键槽
平键
轴上的键槽

图 1-27　键连接

（1）常用键的形式和标记

常用键有普通平键、半圆键、钩头楔键和花键，如图 1-28 所示。其结构形式、规格尺寸及键槽尺寸等可从相应国家标准中查出。

（a）　　　　　（b）　　　　　（c）　　　　　（d）　　　　　（e）

图 1-28　常用键的形式

（a）A 型普通平键；（b）B 型普通平键；（c）半圆键；（d）钩头楔键；（e）花键轴

普通平键应用最广，按轴槽结构可分为圆头普通平键［A 型键，图 1-29（a）］、方头普通平键［B 型键，图 1-29（b）］和单圆头普通平键［C 型键，图 1-30（c）］三种形式。

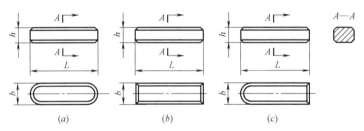

图 1-29　普通平键的三种形式

（a）A 型键；（b）B 型键；（c）C 型键

（2）键连接的画法

采用键连接轴和轮，其上都应有键槽存在。图 1-30（a）是轴上键槽的画法，图 1-30（b）是轮上键槽的画法。

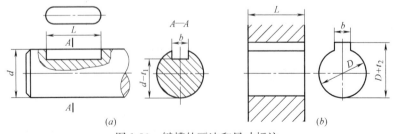

图 1-30　键槽的画法和尺寸标注

（a）轴上键槽；（b）轮上键槽

普通平键连接画法如图 1-31 所示。在主视图中，键和轴均按不剖绘制。为了表达键在轴上的装配情况，主视图又采用了局部剖视。在左视图上，键的两个侧面是工作面，只画一条线。键的顶面与键槽顶面不接触，应画两条线。半圆键的连接画法如图 1-32 所示。

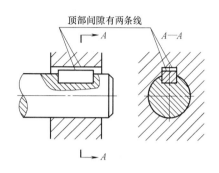

图 1-31　普通平键连接画法

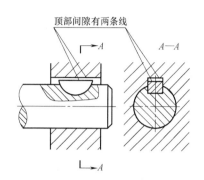

图 1-32　半圆键连接图

钩头楔键的底面和轮毂的底面都有 1：100 的斜度，连接时将键打入槽内，键的顶面与毂槽底面接触，画图时只画一条线，两侧面不接触画成两条线（图 1-33）。

2. 销连接

销是标准件，常用的销有圆柱销、圆锥销、开口销等（图 1-34）。

圆柱销和圆锥销主要用于零件间的连接或定位，开口销用来防止连接螺母松动或固定其他零件。表 1-9 为三种销连接的标记和画法。

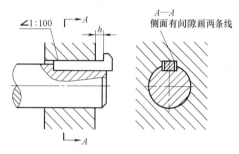

图 1-33　楔键连接图

图 1-34　销的形式
（a）圆柱销；（b）圆锥销；（c）开口销

销连接的标记和画法　　　　　　　　　　　表 1-9

名称及标准	图例	标记	连接画法
圆柱销 GB/T 119.1—2000		销　GB/T 119.1 $d \times 1$	

名称及标准	图例	标记	连接画法
圆锥销 GB/T 117—2000	*1:50* d l	销 GB/T 117 $d×1$	
开口销 GB/T 91—2000	b l a c d	销 GB/T 91 $d×1$	

三、齿轮

齿轮是机械传动中广泛应用的传动零件，它可以用来传递动力、改变转速和旋转方向。其常见的传动形式有：圆柱齿轮传动［图 1-35（a）］，用于两平行轴间的传动；圆锥齿轮传动［图 1-35（b）］，用于相交两轴间的传动；蜗杆、蜗轮传动［图 1-35（c）］，用于交叉两轴间的传动。

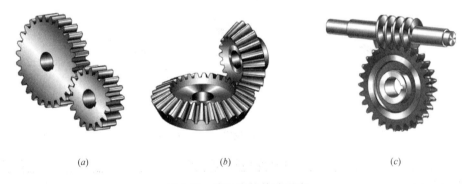

(a)　　　　　　　　　(b)　　　　　　　　　(c)

图 1-35　常见齿轮传动形式
(a) 圆柱齿轮；(b) 圆锥齿轮；(c) 蜗轮蜗杆

1. 圆柱齿轮

（1）单个圆柱齿轮的规定画法，如图 1-36 所示。

单个齿轮的表达一般采用两个视图，一般将与轴线平行的视图画成剖视图（全剖或半剖）。与轴线垂直的视图应将键槽的位置和形状表达出来，如图 1-36 所示。齿顶线和齿顶圆用粗实线绘制；分度线和分度圆用细点画线绘制；在视图中，齿根线和齿根圆用细实线

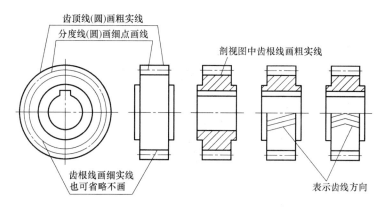

图 1-36　单个齿轮的画法

绘制，也可省略不画。在剖视图中，当剖切平面通过齿轮轴线时，齿根线用粗实线绘制，轮齿按不剖处理，即轮齿部分不画剖面线。

　　齿轮的零件图应按零件图的全部内容绘制和标注完整，并且在其零件图的右上角画出有关齿轮的啮合参数和检验精度的表格并注明有关参数，如图 1-37 所示。

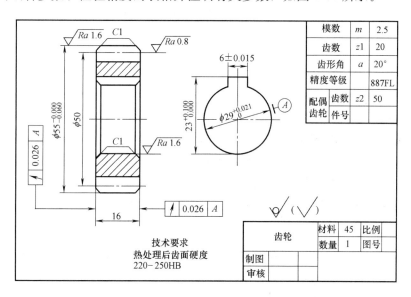

图 1-37　齿轮零件图

　　（2）圆柱齿轮啮合的规定画法。

　　与齿轮轴线垂直的视图中，啮合区内的齿顶圆均用粗实线绘制，也可省略不画 ［图 1-38（b）］。两分度圆用细点画线画成相切，两齿根圆省略不画。

　　与齿轮轴线平行的视图（常画成剖视图）中，啮合区内的两条节线重合为一条，用细点画线绘制。两条齿根线都用粗实线画出，两条齿顶线，其中一条用粗实线绘制，而另一条用细虚线绘制或省略不画 ［图 1-38（a）］。若不画成剖视图，啮合区内的齿顶线和齿根线都不必画出，节线用粗实线绘制 ［图 1-38（c）］。图 1-38（d）为圆柱齿轮与齿条的啮合画法。

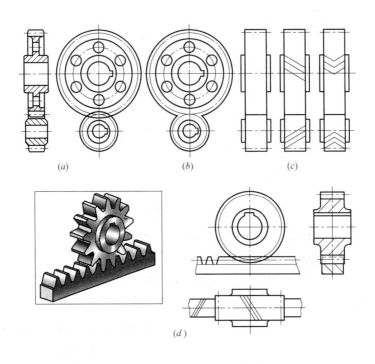

图 1-38　齿轮的啮合画法

2. 圆锥齿轮

圆锥齿轮用于垂直相交两轴之间的传动。由于圆锥齿轮的轮齿分布在圆锥面上，所以其齿厚、齿高、模数和直径由大端到小端是逐渐变小的。为了便于设计制造，规定圆锥齿轮的大端端面模数为标准模数。在计算各部分尺寸时，齿顶高、齿根高沿大端背锥素线量取，其背锥素线与分锥素线垂直。锥齿轮各部分的名称如图 1-39 所示。

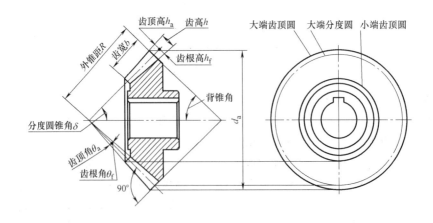

图 1-39　圆锥齿轮各部分名称

画图时，单个锥齿轮常用的表达方法如图 1-39 所示，与轴线平行的视图一般画成剖视图，与轴线垂直的视图中，用粗实线画出大端和小端的齿顶圆，用细点画线画出大端的分度圆。大、小端齿根圆及小端分度圆均不画出。

两圆锥齿轮啮合时，其锥顶交于一点，两分度圆画成相切，与轴线平行的视图画成剖视图，其啮合区域的表达与圆柱齿轮相同，如图 1-40（a）所示。如果与轴线平行的视图不剖，两分度圆锥相切处的节线用粗实线绘制，其画法如图 1-40（b）所示。

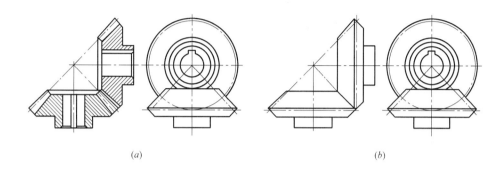

(a)   (b)

图 1-40　圆锥齿轮啮合画法

3. 蜗杆、蜗轮

蜗轮和蜗杆用于垂直交叉的两轴之间的传动，蜗杆是主动件，蜗轮是从动件。它们的齿向是螺旋形的，为了增加接触面积，蜗轮的轮齿顶面常制成圆弧形。蜗杆的齿数称为头数，相当于螺杆上螺纹的线数，有单头和多头之分。在传动时，蜗杆旋转一圈，蜗轮只转一个齿或两个齿。蜗轮蜗杆传动，其传动比较大，且传动平稳，但效率较低。

蜗杆的画法，如图 1-41（a）所示，与圆柱齿轮画法基本相同。为了表达蜗杆上的牙形，一般采用局部放大图，如图 1-41（b）所示。蜗轮的画法如图 1-42 所示。

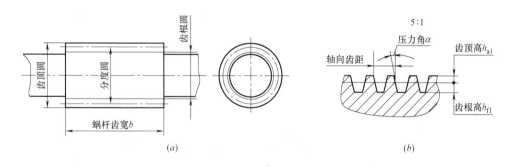

(a)   (b)

图 1-41　蜗杆的画法

蜗轮蜗杆啮合的画法如图 1-43 所示，在蜗轮投影为非圆的视图上，蜗轮与蜗杆重合的部分，只画蜗杆不画蜗轮。在蜗轮投影为圆的视图上，蜗杆的节线与蜗轮的节圆画成相切。在剖视图中，当剖切平面通过蜗杆的轴线时，齿顶圆或齿顶线均可省略不画。

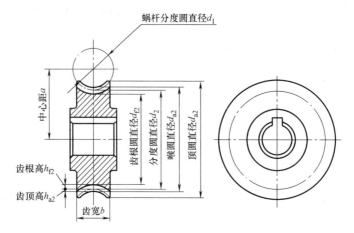

图 1-42　蜗轮的画法

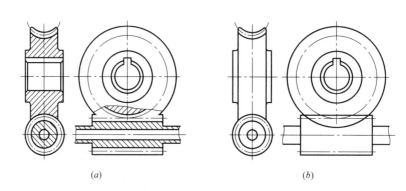

(a)　　　　　　　　　　　　　　　(b)

图 1-43　蜗轮蜗杆啮合的画法
(a) 剖视图；(b) 外形

四、滚动轴承

常用的滚动轴承有以下三种，它们通常是按受力方向分类：

（1）向心轴承。主要承受径向载荷，如图 1-44（a）所示。

（2）向心推力轴承。能同时承受径向和轴向载荷，如图 1-44（b）所示。

（3）推力轴承。只承受轴向载荷，如图 1-44（c）所示。

(a)　　　　　　　　　　(b)　　　　　　　　　　(c)

图 1-44　常用的三种滚动轴承
(a) 向心轴承；(b) 向心推力轴承；(c) 推力轴承

滚动轴承是标准组件，一般不单独绘出零件图，国标规定在装配图中采用简化画法和规定画法来表示，如图 1-45 所示。

其中简化画法又分为通用画法和特征画法两种。在装配图中，若不必确切地表示滚动轴承的外形轮廓、载荷特征和结构特征，可采用通用画法来表示。即在轴的两侧用粗实线矩形线框及位于线框中央正立的十字形符号表示，十字形符号不应与线框接触（图 1-45）。在装配图中，若要较形象地表示滚动轴承的结构特征，可采用特征画法来表示。规定画法和特征画法见表 1-10。

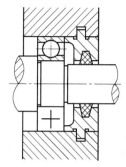

图 1-45　轴承在装配图中的画法

轴承的规定画法和特征画法 表 1-10

轴承名称	结构型式	应用	规定画法	特征画法
深沟球轴承 6000 型（绘图时需查 D,d,B）	外圈 滚动体 内圈 保持架	主要承受径向力		
圆锥滚子轴承 3000 型（绘图时需查 D,d,T,C,B）		可同时承受径向力和轴向力		
平底推力球轴承 5000 型（绘图时需查 D,d,T）		承受单向的轴向力		

25

第五节 焊缝符号表示方法及焊接装配图

焊缝符号一般由基本符号和指引线组成，必要时还可以加上辅助符号、补充符号和焊缝尺寸符号等。

一、符号

1. 基本符号

基本符号是表示焊缝横截面积形状的符号，见表 1-11 所示。

常用焊缝基本符号　　　　　　　　　　　　　　表 1-11

焊缝名称	焊缝形式	符号	焊缝名称	焊缝形式	符号
V形	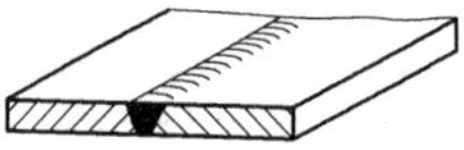	∨	I形	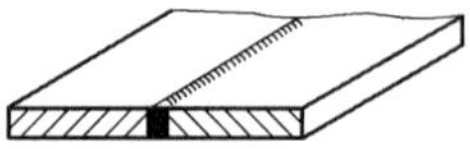	‖
单边V形	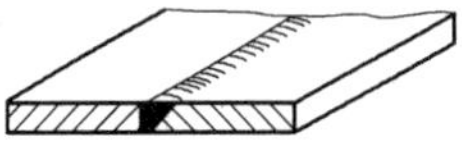	 ∨	点焊	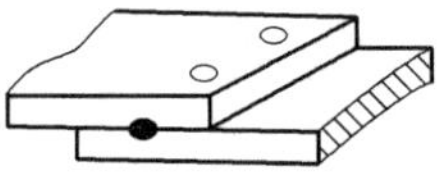	○
带纯边V形	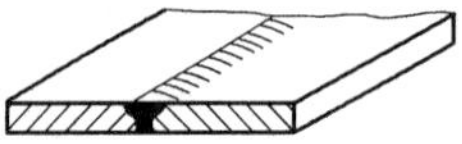	Y	角焊	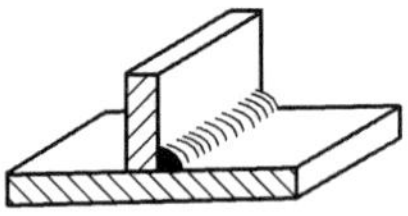	△
U形	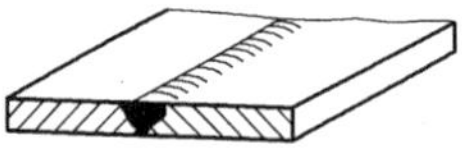	 Υ	堆焊	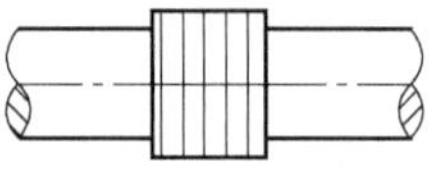	 ◠

2. 辅助符号

辅助符号是表示焊缝表面形状特征的符号，见表 1-12 所示。

焊缝的辅助符号　　　　　　　　　　　　　　表 1-12

名称	示意图	符号	说　明
平面符号		─	焊缝表面平齐（一般通过加工）
凹面符号	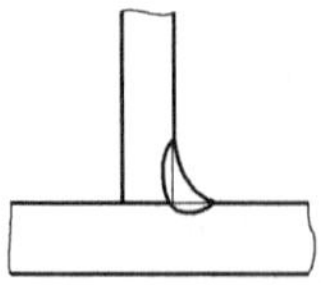	⌣	焊缝表面凹陷
凸面符号	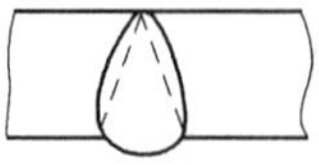	⌢	焊缝表面凸起

3. 补充符号

补充符号是为了补充说明焊缝的某些特征而采用的符号，见表 1-13 所示。

焊缝补充符号

表 1-13

名称	示意图	符号	说明
带垫板符号		▭	表明焊缝底部有垫板
三面焊缝符号		⊏	表示三面带有焊缝
周围焊缝符号		○	表示四周有焊缝
现场焊接符号		◤	表示在现场进行焊接

二、焊缝的表示方法

（1）焊缝的结构形式用焊缝代号来表示，完整的焊缝代号除了基本符号、辅助符号、补充符号以外，还包括指引线和焊缝尺寸等组成。

（2）指引线采用细实线绘制，一般由带箭头的指引线（称为箭头线）和两条基准线（其中一条为实线，另一条为虚线，基准线一般与图纸标题栏的长边平行）必要时可以加上尾部（90°夹角的两条细实线），如图 1-46 所示。

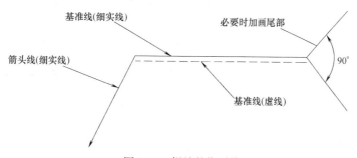

图 1-46　焊缝的指引线

（3）箭头线对于焊缝的位置一般没有特殊的要求。当箭头线直接指向焊缝时，可以指向焊缝的正面或反面。但当标注单边 V 形焊缝、带钝边的单边 V 形焊缝、带钝边的单边 J 形焊缝时，箭头线应当指向有坡口一侧的工件，如图 1-47（a）、（b）所示。

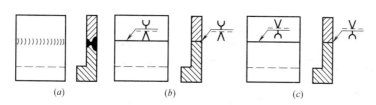

（a）　　　　　　　　（b）　　　　　　　　（c）

图 1-47　基本符号相对基准线的位置（U、V 形组合焊缝）

（4）基准线的虚线也可以画在基准线实线的上方，如图 1-47（c）所示。

（5）当箭头线直接指向焊缝时，基本符号应标注在实线侧，如图 1-48 中的角焊缝符号。当箭头线指向焊缝的另一侧时，基本符号应标注在基准线的虚线侧，如图 1-47（c）中的 V 形焊缝的标注以及图 1-48 中下方的角焊缝。

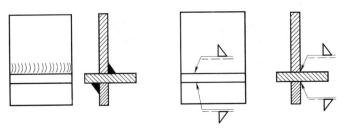

图 1-48　基本符号相对基准线的位置（双角焊缝）

（6）标注对称焊缝和双面焊缝时，基准线中的虚线可省略。如图 1-49、图 1-50 所示。

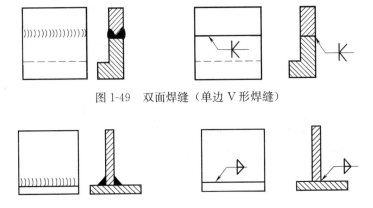

图 1-49　双面焊缝（单边 V 形焊缝）

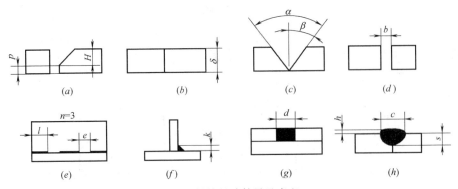

图 1-50　对称焊缝（角焊缝）标注

（7）在不致引起误解的情况下，当箭头线指向焊缝，而另一侧又无焊缝要求时，允许省略基准线的虚线。

（8）焊缝的尺寸符号。基本符号必要时可附带有焊缝尺寸符号及数据，依据图 1-51 所示，其符号意义如下：

$$p$$

图 1-51　焊接尺寸符号及意义

p—钝边；H—坡口深度；δ—工件厚度；α—坡口角度；β—坡口面角度；b—根部间隙；
e—焊缝间距；l—焊缝长度；n—焊缝段数；k—焊脚尺寸；d—熔合直径；h—焊缝余高；
c—焊缝宽度；s—焊缝有效厚度

在焊缝基本符号的左侧标注焊缝横截面上的尺寸，如钝边高度 P、坡口深度 H，焊角高度 K 等。如果焊缝的左侧没有任何标注又无其他说明时，说明对接焊缝要完全焊透。

在焊缝基本符号的右侧，标注焊缝长度方向的尺寸，如焊缝段数 n、焊缝长度 l、焊缝间隙 e。如果基本符号右侧无任何标注又无其它说明时，表明焊缝在整个工件长度方向上是连续的。

在焊缝基本符号的上侧或下侧，标注坡口角度 α；坡口面角度 β 和根部间隙 b。

在指引线的尾部标注相同焊缝的数量 N 和焊接方法，如图 1-52 所示。焊接装配图实例见图 1-53。

图 1-52　焊缝尺寸的标注原则

焊缝标注与说明见表 1-14。

常见焊缝标注及说明

表 1-14

标注示例	说　　明
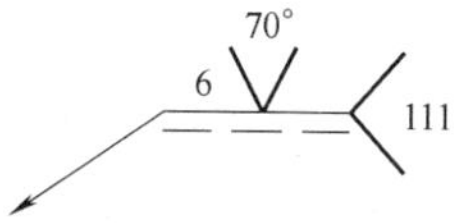 70° 6 V 111	V 形焊缝，坡口角度 70°，焊缝有效高度 6mm
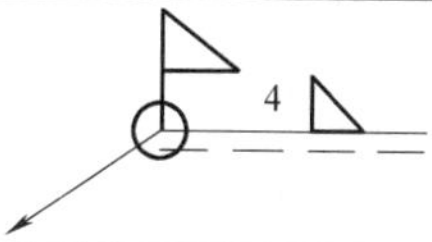 4	角焊缝、焊角高度 4mm，在现场沿工件周围焊接
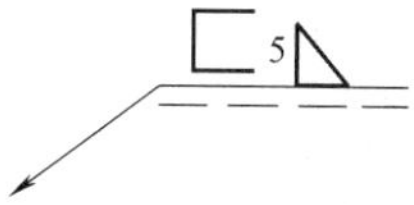 5	角焊缝，焊角高度 5mm，三面焊接
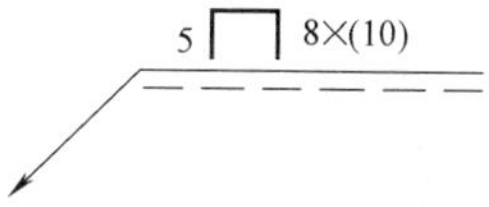 5 8×(10)	槽焊缝，槽宽(或直径)5mm，共 8 个焊缝，间距 10mm
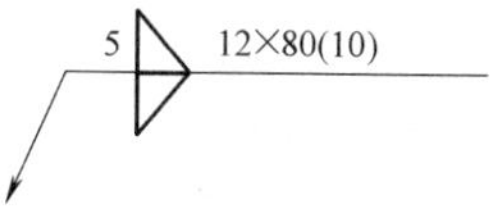 5 12×80(10)	断续双面角焊缝，焊角高度 5mm，共 12 段焊缝 每段 80mm，间隔 10mm
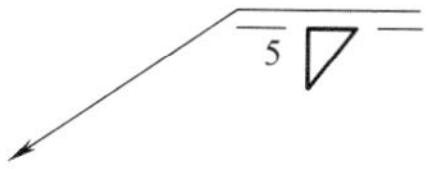 5	在箭头所指的另一侧焊接，连续角焊缝，焊缝高度 5mm

在 CAXA 电子图板中的尺寸标注中提供了焊接符号的标注方法。选择尺寸标注中的焊接符号将弹出如图 1-54 所示的对话框。

图 1-54 中包含了焊接符号中的基本符号、辅助符号、补充符号，使用时直接单击符号的图标，并在相应的尺寸编辑框中输入焊缝尺寸数值，按下对话框中的"确定"按钮即

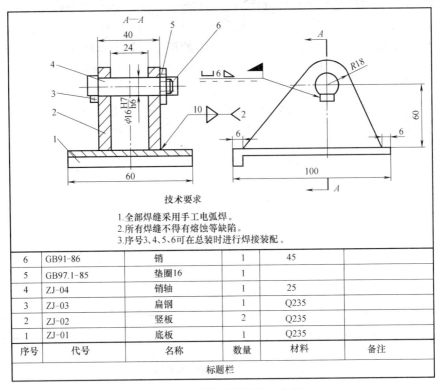

图 1-53　焊接装配图实例（支架）

6	GB91-86	销	1	45	
5	GB97.1-85	垫圈16	1		
4	ZJ-04	销轴	1	25	
3	ZJ-03	扁钢	1	Q235	
2	ZJ-02	竖板	2	Q235	
1	ZJ-01	底板	1	Q235	
序号	代号	名称	数量	材料	备注
标题栏					

技术要求

1.全部焊缝采用手工电弧焊。
2.所有焊缝不得有熔蚀等缺陷。
3.序号3、4、5、6可在总装时进行焊接装配。

可进行标注。如果箭头线两侧都有焊接符号，两侧焊接符号相同时虚线位置选"无"（不要虚线），两侧焊缝不同时，应当选择虚线的位置，并选择对话框右侧的符号位置"下"，标注另一侧的焊缝符号及数值。对于对称焊缝，只选基本符号即可。

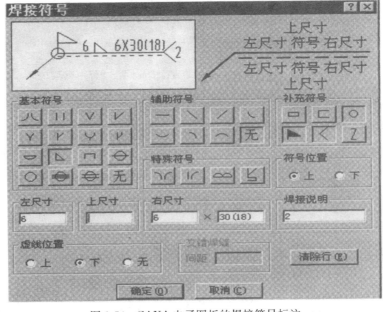

图 1-54　CAXA电子图板的焊接符号标注

第二章　金属材料知识

第一节　金属材料知识

我国建筑结构用钢主要以碳素结构钢和低合金结构钢为主。本节金属学知识也主要对铁碳合金进行介绍。

一、铁-碳合金平衡相图

钢和铸铁都是铁碳合金，为了了解铁碳合金在不同含碳量和不同温度下所处的状态及具有的组织结构，用铁碳合金平衡状态图（图 2-1）来表示这种关系。铁与碳可以形成一系列化合物：Fe_3C、Fe_2C、FeC 等。Fe_3C 的含碳量为 6.69%，铁碳合金含碳量超过 6.69%，脆性很大，没有实用价值，所以本章讨论的铁碳相图，实际是 $Fe-Fe_3C$ 相图。相图中的两个组元是 Fe 和 Fe_3C，其各点的温度、含碳量及含义见表 2-1。

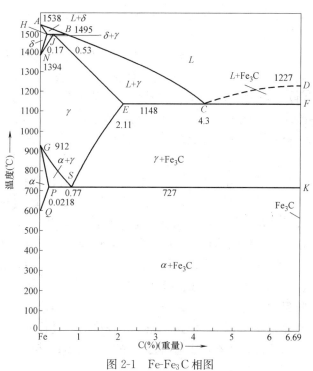

图 2-1　$Fe-Fe_3C$ 相图

相图中各点的温度、含碳量及含义　　　　　　　表 2-1

符号	温度(℃)	含碳量[%(质量)]	含　　义
A	1538	0	纯铁的熔点
B	1495	0.53	包晶转变时液态合金的成分
C	1148	4.30	共晶点
D	1227	6.69	Fe_3C 的熔点
E	1148	2.11	碳在 $\gamma-Fe$ 中的最大溶解度
F	1148	6.69	Fe_3C 的成分
G	912	0	$\alpha-Fe \rightarrow \gamma-Fe$ 同素异构转变点
H	1495	0.09	碳在 $\delta-Fe$ 中的最大溶解度
J	1495		包晶点
K	727	6.69	Fe_3C 的成分
N	1394	0	$\gamma-Fe \rightarrow \delta-Fe$ 同素异构转变点
P	727	0.0218	碳在 $\alpha-Fe$ 中的最大溶解度
S	727	0.77	共析点
Q	600（室温）	0.0057（0.0008）	600℃（或室温）时碳在 $\alpha-Fe$ 中的最大溶解度

1. 图的坐标

图 2-1 上纵坐标表示温度，横坐标表示铁碳合金中碳的百分含量。例如，在横坐标左端，含碳量为零，即为纯铁；在右端，含碳量为 6.69%，全部为渗碳体（Fe_3C）。

2. 钢中常见的组织

（1）铁素体（F）。铁素体是少量的碳和其他合金元素固溶于 α-Fe 中的固溶体，用符号 α 或 F 表示。铁素体溶解碳的能力很差，在 727℃时为 0.0218%，并随着温度降低而减少，室温时碳的溶解度仅为 0.008%。由于铁素体的含碳量低，所以铁素体的性能与纯铁相似，铁素体的强度和硬度低，但塑性和韧性很好，所以含铁素体多的钢（如低碳钢）就表现出软而韧的性能。

（2）渗碳体（Fe_3C）。渗碳体是铁与碳的化合物，其含碳量为 6.69%。其性能与铁素体相反，硬而脆，随着钢中含碳量的增加，钢中渗碳体的量也增多，钢的硬度、强度也增加，而塑性、韧性则下降。

（3）珠光体（P）。珠光体是铁素体和渗碳体的机械混合物，含碳量为 0.77%，只有温度低于 727℃时才存在。珠光体的性能介于铁素体和渗碳体之间。

（4）奥氏体（A）。奥氏体是碳和其他合金元素在 γ-Fe 中形成的固溶体。γ-Fe 为面心立方晶体，用符号 γ 或 A 表示。在一般钢材中，只有在高温时存在。当含有一定量扩大 γ 区的合金元素时，则可能在室温下存在，如铬镍奥氏体不锈钢在室温下的组织为奥氏体。

奥氏体种塑性很好，具有一定韧性，不具有铁磁性。因此，分辨奥氏体不锈钢刀具（常见的 18－8 型不锈钢）的方法之一就是用磁铁来看刀具是否具有磁性。

（5）马氏体（M）。马氏体是碳溶于 α-Fe 的过饱和的固溶体，马氏体具有很高的硬度和强度，但很脆，延展性很低。马氏体中过饱和的碳越多，硬度越高。马氏体的体积比相同质量的奥氏体的体积大，因此奥氏体转变为马氏体时体积要膨胀，局部体积膨胀后的内应力往往导致零件变形、开裂，这也是产生淬火应力，导致变形开裂的主要原因。

（6）魏氏体组织。魏氏体组织是一种粗大的过热组织。碳钢过热且晶粒长大后，高温下晶粒粗大的奥氏体以一定速度冷却时，很容易形成魏氏体组织。粗大的魏氏体组织使钢材的塑性和韧性下降，使钢变脆。在焊接冶金过程中，由于受热温度很高，使奥氏体晶粒发生严重的长大现象，冷却后得到晶粒粗大的过热组织，故称为过热区。此区的塑性差，韧性低，硬度高的原因也在于此。

3. 图中主要的线

（1）ABCD 为液相线，在此线以上的合金呈液态。这条线说明纯铁在 1538℃凝固，随碳含量的增加，合金凝固点降低。C 点合金的凝固点最低，为 1148℃。当含碳量大于 4.3%以后，随含碳量的增加，凝固点又增高。

（2）AHJECF 为固相线，在此线以下的合金呈固态。在液相线和固相线之间的区域为两相（液相和固相）共存。

（3）水平线 PSK 为共析反应线。碳含量在 0.0218%～6.69%之间的铁碳合金，在平衡结晶过程中均发生共析反应。PSK 线在热处理中亦称 A1 线。

（4）GS 线是合金冷却时自 A 中开始析出 F 的临界温度线，通常称 A3 线。

（5）ES 线是碳在 A 中的固溶线，通常称 Acm 线。由于在 1148℃时 A 中溶碳量最大可达 2.11%，而在 727℃时仅为 0.77%，因此碳含量大于 0.77%的铁碳合金自 1148℃冷至727℃的过程中，将从 A 中析出 Fe_3C。析出的渗碳体称为二次渗碳体（Fe_3C_{II}）。Acm 线亦是从 A 中开始析出 Fe_3C_{II} 的临界温度线。

（6）PQ 线是碳在 F 中的固溶线。在727℃时 F 中溶碳量最大可达 0.0218%，室温时仅为 0.0008%，因此碳含量大于 0.0008% 的铁碳合金自727℃冷至室温的过程中，将从 F 中析出 Fe_3C。析出的渗碳体称为三次渗碳体（Fe_3C_{III}）。PQ 线亦为从 F 中开始析出 Fe_3C_{III} 的临界温度线。

4. 图中主要的点

（1）E 点。是碳在奥氏体中最大溶解度点，也是区分钢与铸铁的分界点，其温度为 1148℃，含碳量为 2.11%。含碳量低于 2.11% 的铁合金称为钢，含碳量为 2.11%～6.69% 的铁碳合金称为铸铁。

（2）S 点。为共析点，温度为727℃，含碳量为 0.77%。S 点成分的钢是共析钢，其室温组织全部为珠光体。S 点左边的钢为亚共析钢，室温组织为铁素体＋珠光体。S 点右边的钢为过共析钢，其室温组织为渗碳体＋珠光体。

（3）C 点。为共晶点，温度为1148℃，含碳量为 4.3%。C 点成分的合金为共晶铸铁，组织为莱氏体（727℃以下时为渗碳体与珠光体的机械混合物）。

5. 铁-碳合金平衡图的应用

利用 Fe-C 平衡相图，以含碳 0.01% 的铁碳合金为例，其冷却曲线（如图 2-2）和平衡结晶过程如下。

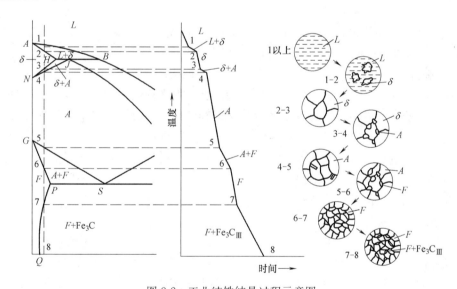

图 2-2　工业纯铁结晶过程示意图

合金在1点以上为液相 L。冷却至稍低于1点时，开始从 L 中结晶出 δ，至2点合金全部结晶为 δ。从3点起，δ 逐渐转变为 A，至4点全部转变完了。4～5点间 A 冷却不变。自5点始，从 A 中析出 F。F 在 A 晶界处生核并长大，至6点时 A 全部转变为 F。在6～7点间 F 冷却不变。在7～8点间，从 F 晶界析出 Fe_3C_{III}。因此合金的室温平衡组织为 $F＋Fe_3C_{III}$。F 呈白色块状；Fe_3C_{III} 量极少，呈小白片状分布于 F 晶界处。若忽略 Fe_3C_{III}，则组织全为 F。

铁-碳合金平衡图对于热加工具有重要的指导意义，钢的热处理工艺的确定、焊接结构焊后热处理工艺的选择，以及钢在焊接过程中焊缝及热影响区的组织变化等，都是以铁-碳相图为基础来分析的。

二、钢的热处理知识

将金属加热到一定温度，然后以适当的速度冷却，以改变其整体力学性能的称为金属热处理工艺。常用的热处理大致有退火、正火、淬火和回火四种基本工艺。

1. 淬火

将钢（高碳钢和中碳钢等）加热到 $A1$（对过共析钢）或 $A3$（对亚共析钢）以上30～70℃，在此温度下保持一段时间，然后快速冷却（水冷或油冷），获得马氏体组织的热处理工艺，称为淬火。但含碳量小于 0.25% 的低碳钢，由于含碳量低，所以不易淬火得到马氏体组织。

淬火后可以提高钢的硬度及耐磨性，可应用于各种模具、轴承等。

淬火处理得到的马氏体组织又硬又脆，并且存在很大的内应力，易于突然开裂，因此淬火不是钢的最终热处理，在淬火后，一般还必须进行适当的回火，以获得不同的力学性能，满足各类零件和工具的使用要求。

在焊接中、高碳钢和某些合金钢时，近缝区可能发生淬火现象而变硬，易形成冷裂纹，这是在焊接过程中要设法防止的。

2. 回火

钢淬火后，再加热到 $A1$ 以下的某一温度，保温一定时间，然后冷却到室温的热处理工艺称为回火。按回火温度的不同，分为低温回火（150～250℃）、中温回火（250～500℃）和高温回火（500～650℃）。在 250～350℃ 回火时会产生回火脆性，应避免。

淬火后进行回火，可以在保持一定硬度的基础上提高钢的韧性，减少或消除淬火时产生的内应力，防止工件在使用过程中产生的变形和开裂。同时可以稳定组织和尺寸，使工件在使用过程中不发生组织转变，从而保证工件的形状和尺寸精度。

在淬火后再进行高温回火的复合热处理工艺称为调质处理。调质处理能获得良好的综合力学性能。焊接结构由于焊后热影响区会产生淬火组织，所以也常采用焊后高温回火处理，以改善组织，提高综合力学性能。

3. 正火

将钢加热到 $A3$ 或 Acm 以上 30～50℃，保温后，在空气中冷却，称为正火。正火处理可以细化晶粒，提高钢的综合力学性能，所以许多碳素钢和低合金结构钢常用来作为最终热处理。对于焊接结构，经正火后，能改善焊接接头性能，消除粗晶组织及组织不均匀等。

4. 退火

将钢加热到 $A3$ 以上或 $A1$ 左右一定范围的温度，保温一段时间后，随炉温缓慢而均匀地冷却，称为退火。退火可降低钢的硬度，提高钢的塑性，使材料便于切削加工，并能细化晶粒，消除内应力等。

焊接结构焊接以后会产生焊接残余应力，容易导致产生延迟裂纹，因此重要的焊接结构焊后应该进行消除应力退火处理，以消除焊接残余应力，防止冷裂纹。消除应力退火属于低温退火，加热温度在 A1 以下，一般加热到 $600\sim640℃$，保温一段时间，然后在空气中或炉中缓慢冷却。

三、金属材料性能

1. 金属材料的力学性能

金属材料的力学性能是指金属在力作用下所显示与弹性和非弹性反应相关或涉及应力-应变关系的性能。简单地说，金属材料力学性能就是指金属材料在外力作用时表现出来的性能，它是反映金属材料抵抗各种损伤作用能力的大小，是衡量金属材料使用性能的重要指标。

金属材料的力学性能指标主要包括强度、塑性、韧性和硬度等。

（1）强度

金属材料的强度是指金属材料抵抗永久变形和断裂的能力。材料的强度越高，材料抵抗永久变形（及塑性变形）和断裂的能力越强。

常用的强度值是在专门的试验机上采用拉伸试验得到的，强度用单位截面上所受的力（称为应力）来表示，单位是 MPa 或 N/mm^2。根据《金属材料 拉伸试验 第 1 部分：室温试验方法》GB/T 228.1—2010 规定，常用的强度指标分为屈服强度和抗拉强度等。表 2-2 为常用低合金高强度钢的拉伸性能。

1）屈服强度。GB/T 228.1—2010 对屈服强度的基本定义是：当金属材料呈现屈服现象时，在试验期间达到塑性变形发生而力不增加的应力点。

材料的屈服强度越高，说明材料抵抗塑性变形的能力越强，允许的工作应力也越高。因此屈服强度是评定金属材料质量的重要指标，是机械设计计算时的重要依据之一。

2）抗拉强度。GB/T 228.1—2010 对抗拉强度的定义是：相应最大力（F_m）对应的应力。最大力（F_m）就是指在拉伸试验时，试样在屈服阶段之后所能抵抗的最大力。对于无明显屈服的金属材料，为试验期间的最大力。通俗地说，抗拉强度就是试样在拉断前所承受的最大拉应力。标准对抗拉强度的符号规定为 R_m。

抗拉强度值越大，金属材料抵抗断裂的能力越大，所以它也是评定金属材料质量的重要指标。金属材料在使用中所承受的工作应力不能超过材料的抗拉强度，否则会产生断裂，甚至造成严重事故。

（2）塑性

钢材的塑性一般指应力超过屈服点后，具有显著的塑性变形而不断裂的性质。材料的塑性越好，表示材料产生不可逆永久变形的能力越强。衡量钢材塑性变形能力的主要指标是伸长率 δ 和断面收缩率 ϕ。材料的延伸率和断面收缩率越大，材料的塑性越好。

1）伸长率 δ。力学性能中的伸长率是指试样断后伸长率。为了测量拉伸试验时试件上长度的变化，在试件上预先标出一段标志距离（即标距），断后标距的残余伸长（$L_1 - L_0$）与原始标距（L_0）之比的百分率。

$$\delta = (L_1 - L_0)/L_0 \times 100\%$$

式中　L_1——试样的原始标距长度；

　　　L_0——试样拉断后的标距长度。

2）断面收缩率 ϕ。断面收缩率是指试样断裂后，截面积最大收缩减量（$S_0 - S_1$）与原始横截面积（S_0）之比的百分率。

常用低合金高强度钢的拉伸性能

表 2-2

拉伸试验 [a,b,c]

牌号	质量等级	以下公称厚度(直径、边长)下屈服强度 (R_eL)(MPa)									以下公称厚度(直径、边长)抗拉强度 (R_m)(MPa)							断后伸长率(A)(%) 公称厚度(直径、边长)					
		≤16mm	>16~40mm	>40~63mm	>63~80mm	>80~100mm	>100~150mm	>150~200mm	>200~250mm	>250~400mm	<40mm	>40~63mm	>63~80mm	>80~100mm	>100~150mm	>150~250mm	>250~400mm	≤40mm	>40~63mm	>63~100mm	>100~150mm	>150~250mm	>250~400mm
Q345	A	≥345	≥335	≥325	≥315	≥305	≥285	≥275	≥265	≥260	470~630	470~630	470~630	470~630	450~600	450~600	450~600	≥20	≥19	≥19	≥18	≥17	—
	B	≥345	≥335	≥325	≥315	≥305	≥285	≥275	≥265	≥260	470~630	470~630	470~630	470~630	450~600	450~600	450~600	≥20	≥19	≥19	≥18	≥17	—
	C	≥345	≥335	≥325	≥315	≥305	≥285	≥275	≥265	≥260	470~630	470~630	470~630	470~630	450~600	450~600	450~600	≥21	≥20	≥20	≥19	≥18	≥17
	D	≥345	≥335	≥325	≥315	≥305	≥285	≥275	≥265	≥260	470~630	470~630	470~630	470~630	450~600	450~600	450~600	≥21	≥20	≥20	≥19	≥18	≥17
	E	≥345	≥335	≥325	≥315	≥305	≥285	≥275	≥265	≥260	470~630	470~630	470~630	470~630	450~600	450~600	450~600	≥21	≥20	≥20	≥19	≥18	≥17
Q390	A	≥390	≥370	≥350	≥330	≥330	≥310	—	—	—	490~650	490~650	490~650	490~650	470~620	—	—	≥20	≥19	≥19	≥18	—	—
	B	≥390	≥370	≥350	≥330	≥330	≥310	—	—	—	490~650	490~650	490~650	490~650	470~620	—	—	≥20	≥19	≥19	≥18	—	—
	C	≥390	≥370	≥350	≥330	≥330	≥310	—	—	—	490~650	490~650	490~650	490~650	470~620	—	—	≥20	≥19	≥19	≥18	—	—
	D	≥390	≥370	≥350	≥330	≥330	≥310	—	—	—	490~650	490~650	490~650	490~650	470~620	—	—	≥20	≥19	≥19	≥18	—	—
	E	≥390	≥370	≥350	≥330	≥330	≥310	—	—	—	490~650	490~650	490~650	490~650	470~620	—	—	≥20	≥19	≥19	≥18	—	—
Q420	A	≥420	≥400	≥380	≥360	≥360	≥340	—	—	—	520~680	520~680	520~680	520~680	500~650	—	—	≥19	≥18	≥18	≥18	—	—
	B	≥420	≥400	≥380	≥360	≥360	≥340	—	—	—	520~680	520~680	520~680	520~680	500~650	—	—	≥19	≥18	≥18	≥18	—	—
	C	≥420	≥400	≥380	≥360	≥360	≥340	—	—	—	520~680	520~680	520~680	520~680	500~650	—	—	≥19	≥18	≥18	≥18	—	—
	D	≥420	≥400	≥380	≥360	≥360	≥340	—	—	—	520~680	520~680	520~680	520~680	500~650	—	—	≥19	≥18	≥18	≥18	—	—
	E	≥420	≥400	≥380	≥360	≥360	≥340	—	—	—	520~680	520~680	520~680	520~680	500~650	—	—	≥19	≥18	≥18	≥18	—	—
Q460	C	≥460	≥440	≥420	≥400	≥400	≥380	—	—	—	550~720	550~720	550~720	550~720	530~720	—	—	≥17	≥16	≥16	≥16	—	—
	D	≥460	≥440	≥420	≥400	≥400	≥380	—	—	—	550~720	550~720	550~720	550~720	530~720	—	—	≥17	≥16	≥16	≥16	—	—
	E	≥460	≥440	≥420	≥400	≥400	≥380	—	—	—	550~720	550~720	550~720	550~720	530~720	—	—	≥17	≥16	≥16	≥16	—	—
Q500	C	≥500	≥480	≥470	≥450	≥440	—	—	—	—	610~770	600~760	590~750	540~730	—	—	—	≥17	≥17	≥17	—	—	—
	D	≥500	≥480	≥470	≥450	≥440	—	—	—	—	610~770	600~760	590~750	540~730	—	—	—	≥17	≥17	≥17	—	—	—
	E	≥500	≥480	≥470	≥450	≥440	—	—	—	—	610~770	600~760	590~750	540~730	—	—	—	≥17	≥17	≥17	—	—	—
Q550	C	≥550	≥530	≥520	≥500	≥490	—	—	—	—	670~830	620~810	600~790	590~780	—	—	—	≥16	≥16	≥16	—	—	—
	D	≥550	≥530	≥520	≥500	≥490	—	—	—	—	670~830	620~810	600~790	590~780	—	—	—	≥16	≥16	≥16	—	—	—
	E	≥550	≥530	≥520	≥500	≥490	—	—	—	—	670~830	620~810	600~790	590~780	—	—	—	≥16	≥16	≥16	—	—	—
Q620	C	≥620	≥600	≥590	≥570	—	—	—	—	—	710~880	690~880	670~860	—	—	—	—	≥15	≥15	≥15	—	—	—
	D	≥620	≥600	≥590	≥570	—	—	—	—	—	710~880	690~880	670~860	—	—	—	—	≥15	≥15	≥15	—	—	—
	E	≥620	≥600	≥590	≥570	—	—	—	—	—	710~880	690~880	670~860	—	—	—	—	≥15	≥15	≥15	—	—	—
Q690	C	≥690	≥670	≥660	≥640	—	—	—	—	—	770~940	750~920	730~900	—	—	—	—	≥14	≥14	≥14	—	—	—
	D	≥690	≥670	≥660	≥640	—	—	—	—	—	770~940	750~920	730~900	—	—	—	—	≥14	≥14	≥14	—	—	—
	E	≥690	≥670	≥660	≥640	—	—	—	—	—	770~940	750~920	730~900	—	—	—	—	≥14	≥14	≥14	—	—	—

a 当屈服不明显时,可测量 $R_{p0.2}$ 代替下屈服强度。
b 宽度不小于600mm扁平材,拉伸试验取横向试样;宽度小于600mm的扁平材、型材及棒材取纵向试样,断后伸长率最小值相应提高1%(绝对值)。
c 厚度>250mm~400mm的数值适用于扁平材。

$$\phi=(S_0-S_1)/S_0\times100\%$$

式中　S_0——试样的原始横截面积；

S_1——试样拉断后的断口处的横截面积。

（3）韧性

金属在断裂前吸收变形能量的能力。金属的韧性通常随加载速度提高、温度降低、应力集中程度加剧而减少。

材料的韧性通常用夏比（V形缺口）冲击试验来测定。试验时，用规定高度的摆锤对处于简支梁状态的 V 形缺口试样进行一次性冲击，测量试样折断时的冲击吸收功。冲击吸收功就是规定形状和尺寸的试样在冲击试验力一次作用下折断时所吸收的功。

材料的韧性通常用冲击韧度来衡量，冲击韧度是冲击试样缺口底部单位横截面积上的冲击吸收功，因此也可以说冲击韧度是衡量金属材料抵抗动载荷或冲击力的能力。

材料的冲击韧度值越大，说明材料的韧性越好，在受到冲击时越不容易断裂。

（4）硬度

硬度是指材料抵抗局部变形，特别是塑性变形、压痕或划痕的能力，是衡量金属软硬的判据。

根据测量方法的不同，硬度指标可分为布氏硬度（HB）、洛氏硬度（HR）和维氏硬度（HV）三种。生产中常用的是布氏硬度和洛氏硬度。

2. 金属材料的工艺性能

金属材料的工艺性能是指材料承受各种冷热加工的能力，如切削性、铸造性能、压力性能、焊接性能等，这里重点对焊接性能进行介绍。

（1）焊接性的定义

材料的焊接性是指材料在限定的施工条件下，焊接成按规定设计要求的构件，并满足预定服役要求的能力。通俗地说，焊接性就是指金属材料在一定的焊接工艺条件下，焊接成符合设计要求、满足使用要求的构件的难易程度。因此，焊接性一般包括工艺焊接性和使用焊接性，工艺焊接性主要指焊接接头出现各种缺陷的可能性；使用焊接性主要是指焊接构件在使用中的可靠性。

焊接性受材料、焊接方法、构件类型及使用要求四个因素的影响，其中材料的种类及其化学成分是主要的影响因素。

（2）常用的焊接性评定方法-碳当量法

评定钢的焊接性的方法有很多，直接的方法就是直接进行焊接性试验。目前对碳钢和低合金结构钢应用最广泛，使用最简单、最方便的方法是碳当量法。

钢的碳当量就是把钢中包括碳在内的对淬硬、冷裂纹及脆化等有影响的合金元素含量换算成碳的相当含量。通过对钢的碳当量和冷裂敏感指数的估算，可以初步衡量低合金高强度钢冷裂敏感性的高低，这对焊接工艺条件如预热、焊后热处理、线能量等的确定具有重要的指导作用。

碳当量的评定方法：如果已知一种材料的化学成分，就可以利用碳当量公式进行计算。

国际焊接学会推荐的碳当量计算公式为

碳当量 $CE=C+Mn/6+(Cr+Mo+V)/5+(Ni+Cu)/15$　（％）

式中的元素符号均表示该元素的质量分数，经计算，材料的碳当量越大，该材料的焊接性越差。

当 $CE<0.40\%$ 时，钢材淬硬倾向不大，焊接性良好，不需预热；$CE=0.40\%\sim0.60\%$，特别当大于 0.5% 时，钢材易于淬硬，焊接前需预热。

第二节　常用钢材的分类、牌号和性能

一、钢的分类

钢是含碳量在 2.11% 以下的铁碳合金。为了保证其韧性和塑性，含碳量一般不超过 1.7%。钢的主要元素除铁、碳外，还有硅、锰、硫、磷等。钢的分类方法多种多样，其主要方法有如下七种：

1. 按品质分类

（1）普通钢（P≤0.045％，S≤0.050％）。

（2）优质钢（P、S均≤0.035％）。

（3）高级优质钢（P≤0.035％，S≤0.030％）。

2. 按化学成分分类

（1）碳素钢：1）低碳钢（C≤0.25％）；2）中碳钢（C≤0.25％～0.60％）；3）高碳钢（C≤0.60％）。

（2）合金钢：1）低合金钢（合金元素总含量≤5％）；2）中合金钢（合金元素总含量＞5％～10％）；3）高合金钢（合金元素总 含量＞10％）。

3. 按成形方法分类

（1）锻钢；

（2）铸钢；

（3）热轧钢；

（4）冷拉钢。

4. 按金相组织分类

（1）退火状态的：1）亚共析钢（铁素体＋珠光体）；2）共析钢（珠光体）；3）过共析钢（珠光体＋渗碳体）；4）莱氏体钢（珠光体＋渗碳体）。

（2）正火状态的：1）珠光体钢；2）贝氏体钢；3）马氏体钢；4）奥氏体钢。

（3）无相变或部分发生相变的。

5. 按用途分类

（1）建筑及工程用钢：1）普通碳素结构钢；2）低合金结构钢；3）钢筋钢。

（2）结构钢

1）机械制造用钢：①调质结构钢；②表面硬化结构钢：包括渗碳钢、氮钢、表面淬火用钢；③易切结构钢；④冷塑性成形用钢，包括冷冲压用钢、冷镦用钢。

2）弹簧钢。

3）轴承钢。

（3）工具钢：1）碳素工具钢；2）合金工具钢；3）高速工具钢。

（4）特殊性能钢：1）不锈耐酸钢；2）耐热钢包括抗氧化钢、热强钢、气阀钢；3）电热合金钢；4）耐磨钢；5）低温用钢；6）电工用钢。

（5）专业用钢：如桥梁用钢、船舶用钢、锅炉用钢、压力容器用钢、农机用钢等。

6. 综合分类

（1）普通钢：

1）碳素结构钢：①Q195；②Q215（A、B）；③Q235（A、B、C）；④Q255（A、B）；⑤Q275。

2）低合金结构钢。

3）特定用途的普通结构钢。

（2）优质钢（包括高级优质钢）。

1）结构钢：①优质碳素结构钢；②合金结构钢；③弹簧钢；④易切钢；⑤轴承钢；⑥特定用途优质结构钢。

2）工具钢：①碳素工具钢；②合金工具钢；③高速工具钢。

3）特殊性能钢：①不锈耐酸钢；②耐热钢；③电热合金钢；④电工用钢；⑤高锰耐磨钢。

7. 按冶炼方法分类

（1）按炉种分

1）平炉钢：①酸性平炉钢；②碱性平炉钢。

2）转炉钢：①酸性转炉钢；②碱性转炉钢。包括底吹转炉钢；侧吹转炉钢；顶吹转炉钢。

3）电炉钢：①电弧炉钢；②电渣炉钢；③感应炉钢；④真空自耗炉钢；⑤电子束炉钢。

（2）按脱氧程度和浇注制度分

1）沸腾钢；

2）半镇静钢；

3）镇静钢；

4）特殊镇静钢。

二、常用钢材牌号的表示方法

1. 碳素结构钢牌号的表示方法

一般结构钢和工程用热轧钢板、带钢、型钢、棒材均属于此类。

（1）碳素结构钢

1）由 Q＋数字＋质量等级符号＋脱氧方法符号组成。它的钢号冠以"Q"，代表钢材的屈服点，后面的数字表示屈服点数值，单位是 MPa。例如，Q235 表示屈服点（σ_s）为 235 MPa 的碳素结构钢。

2）必要时，钢号后面可标出表示质量等级和脱氧方法的符号。质量等级符号分别为 A、B、C、D。脱氧方法符号：F 表示沸腾钢；b 表示半镇静钢；Z 表示镇静钢；TZ 表示特殊镇静钢，镇静钢可不标符号，即 Z 和 TZ 都可不标。例如，Q235-AF 表示 A 级沸腾钢。

3）专门用途的碳素钢，例如桥梁钢、船用钢等，基本上采用碳素结构钢的表示方法，但在钢号最后附加表示用途的字母。

（2）优质碳素结构钢

1）钢号开头的两位数字表示钢的碳含量，以平均碳含量的万分之几表示。例如，平均碳含量为 0.45％的钢，钢号为"45"，它不是顺序号，所以不能读成 45 号钢。

2）锰含量较高的优质碳素结构钢，应将锰元素标出。例如，平均碳含量为 0.50％、含锰量为 0.7％～1.0％的钢，其牌号表示为"50Mn"。

3）沸腾钢、半镇静钢及专门用途的优质碳素结构钢，应在钢号最后特别标出。例如，平均碳含量为 0.1％的半镇静钢，其钢号为 10b。

2. 合金结构钢牌号的表示方法

合金结构钢是在碳素结构钢的基础上，有目的地加入一种或多种合金元素，如锰（Mn）、硅（Si）、铬（Cr）、镍（Ni）、钨（W）、钼（Mo）、钒（V）、钛（Ti）、铝（Al）及稀土（Re）等，以获得特定的性能（如高强度、耐热、耐腐蚀、耐低温等）。

（1）合金结构钢的牌号。合金结构钢的牌号采用阿拉伯数字和规定的合金元素符号表示。牌号头部的两位阿拉伯数字表示平均含碳量（以万分之几计）。合金元素含量表示方法为：平均含量＜1.5％时，牌号中只标明元素，一般不标明含量；平均合金含量1.5％～2.49％、2.50％～3.49％、3.50％～4.49％、4.50％～5.49％等时，在合金元素后相应写成 2、3、4、5 等。例如，"09Mn2"中，09 表示平均含碳量为 0.09％，Mn2 表示平均含锰量为 2％左右。又如，"20MnVB"钢的大致成分为：平均含碳量 0.20％，平均含锰量＜1.5％，同时含有少量的钒和硼。

（2）专用合金结构钢。在牌号头部或尾部加代表产品用途的符号表示，常用的有："R"表示压力容器用钢；"q"表示桥梁用钢；"g"表示锅炉用钢；"H"表示焊接用钢；"HP"表示焊接气瓶用钢。例如，"16MnR"，为平均含碳量为 0.16％，平均含锰量＜1.5％的压力容器用钢。

（3）合金结构钢的质量等级。高级优质合金结构钢，在牌号尾部加符号"A"表示。例如"30CrMnSiA"；特级优质合金结构钢，在牌号的尾部加符号"E"表示，例如"30CrMnSiE"。

3. 低合金高强度结构钢牌号的表示方法

低合金结构钢是指合金元素小于 5％的合金结构钢，可以分为强度用钢和专用钢两大类，强度用钢按钢材的屈服强度进行分类，专用钢按钢材的用途分类。低合金结构钢中以强度用钢应用最为广泛。

低合金结构钢的使用，不仅大大地节约了钢材，减轻了重量，而且也大大提高了产品的质量和使用寿命。

凡是屈服强度≥295MPa 的强度用钢均可称为低合金高强度结构钢，其平均含碳量一般不超过 0.25％，大量应用于常温下工作的一些受力结构，如压力容器、动力设备、工程机械、交通运输、桥梁、建筑结构和管道等。

（1）低合金高强度结构钢的牌号。低合金高强度结构钢的牌号由代表屈服点的汉语拼音字母（Q）、屈服点数值（单位为 MPa）、质量等级符号（A、B、C、D、E）三个部分按顺序组成，如 Q345C、Q345D。

（2）专用结构钢。一般采用代表屈服点的字母（Q）、屈服点数值和规定代表产品用途的符号等表示，例如压力容器用钢牌号表示为"Q345R"，焊接气瓶用钢牌号表示为"Q295HP"，锅炉用钢牌号表示为"Q390g"，桥梁用钢表示为"Q420q"。

（3）根据需要，通用低合金高强度结构钢的牌号也可以采用二位阿拉伯数字（表示平均含碳量，以万分之几计）和规定的元素符号与数字，按顺序表示。专用低合金高强度结构钢的牌号也可以用二位阿拉伯数字（表示平均含碳量，以万分之几计）、规定的元素符号和规定代表产品用途的符号等表示，按顺序表示，如"16MnR"、"15MnVNR"、"18MnMoNbR"等。

（4）低合金高强度结构钢的质量等级。低合金高强度结构钢的质量等级分为 A、B、C、D、E 五个等级。低合金高强度结构钢的化学成分见表 2-3。

低合金高强度结构钢的牌号和化学成分　　　　　　　　表 2-3

牌号	质量等级	化学成分[a,b]（质量分数）/%														
		C	Si	Mn	P	S	Nb	V	Ti	Cr	Ni	Cu	N	Mo	B	Als
					不大于												不小于
Q345	A	≤0.20	≤0.50	≤1.70	0.035	0.035	0.07	0.15	0.20	0.30	0.50	0.30	0.012	0.10	—	—
	B				0.035	0.035										
	C				0.030	0.030										
	D	≤0.18			0.030	0.035										0.015
	E				0.025	0.020										
Q390	A	≤0.20	≤0.50	≤1.70	0.035	0.035	0.07	0.20	0.20	0.30	0.50	0.30	0.015	0.10	—	—
	B				0.035	0.035										
	C				0.030	0.030										
	D				0.030	0.025										0.015
	E				0.025	0.020										
Q420	A	≤0.20	≤0.50	≤1.70	0.035	0.035	0.07	0.20	0.20	0.30	0.80	0.30	0.015	0.20	—	—
	B				0.035	0.035										
	C				0.030	0.030										
	D				0.030	0.025										0.015
	E				0.025	0.020										
Q460	C	≤0.20	≤0.60	≤1.80	0.030	0.030	0.11	0.20	0.20	0.30	0.80	0.55	0.015	0.20	0.004	0.015
	D				0.030	0.025										
	E				0.025	0.020										
Q500	C	≤0.18	≤0.60	≤1.80	0.030	0.030	0.11	0.12	0.20	0.60	0.80	0.55	0.015	0.20	0.004	0.015
	D				0.030	0.025										
	E				0.025	0.020										
Q550	C	≤0.18	≤0.60	≤2.00	0.030	0.030	0.11	0.12	0.20	0.80	0.80	0.80	0.015	0.30	0.004	0.015
	D				0.030	0.025										
	E				0.025	0.020										
Q620	C	≤0.18	≤0.60	≤2.00	0.030	0.030	0.11	0.12	0.20	1.00	0.80	0.80	0.015	0.30	0.004	0.015
	D				0.030	0.025										
	E				0.025	0.020										
Q690	C	≤0.18	≤0.60	≤2.00	0.030	0.030	0.11	0.12	0.20	1.00	0.80	0.80	0.015	0.30	0.004	0.015
	D				0.030	0.025										
	E				0.025	0.020										

[a] 型材及棒材 P、S 含量可提高 0.005%，其中 A 级钢上限可为 0.045%。
[b] 当细化晶粒元素组合加入时，20（Nb+V+Ti）≤0.22%，20（Mo+Cr）≤0.30%。

（5）国内钢结构常用钢材按其标称屈服强度分类见表 2-4。

类别号	标称屈服强度	钢材牌号举例	对应标准号
I	≤295MPa	Q195、Q215、Q235、Q275	GB/T 700
		20、25、15Mn、20Mn、25Mn	GB/T 699
		Q235q	GB/T 714
		Q235GJ	GB/T 19879
		Q235NH、Q265GNH、Q295NH、Q295GNH	GB/T 4171
		ZG 200-400H、ZG 230-450H、ZG 275-485H	GB/T 7659
II	>295MPa 且 ≤370MPa	Q345	GB/T 1591
		Q345q、Q370q	GB/T 714
		Q345GJ	GB/T 19879
		Q310GNH、Q355NH、Q355GNH	GB/T 4171
III	>370MPa 且 ≤420MPa	Q390、Q420	GB/T 1591
		Q390GJ、Q420GJ	GB/T 19879
		Q420q	GB/T 714
		Q415NH	GB/T 4171
IV	>420MPa	Q460、Q500、Q550、Q620、Q690	GB/T 1591
		Q460GJ	GB/T 19879
		Q460NH、Q500NH、Q550NH	GB/T 4171

注：国内新材料和国外钢材按其屈服强度级别归入相应类别。

三、常用钢材的性能及焊接特点

1. 低碳钢

（1）低碳钢的成分和性能。低碳钢的含碳量<0.25%，由于含碳量低，强度、硬度不高，塑性好，所以应用非常广泛。

（2）低碳钢的焊接性。低碳钢含碳量低，焊接性良好，焊接时一般不需要采取特殊工艺措施，只有在个别情况下，如母材成分不合格（硫、磷等杂质含量高）、施焊温度过低、焊件刚性过大等，才可能出现裂纹，焊接时需要采取预热等措施。焊接常用的低碳钢有Q235、20、20g、20R 等。

（3）常用的焊接方法和焊接材料。各种焊接方法均可以用来焊接低碳钢。采用焊条电弧焊时，应用最多的是 E4303（J422）酸性焊条，个别情况（如母材硫、磷等杂质含量高、施焊温度过低、焊件刚性过大等）焊接时，应选用 E4315（J427）、E4316（J426）碱性焊条，提高抗裂性能。

2. 普通低合金高强度钢

普通低合金高强度钢与碳素钢相比，钢中含有少量合金元素，如锰、硅、钒、铌、稀土等。钢中有了一种或几种这样的元素后，使它具有强度高、韧性好等优点，由于加入的合金元素不多，故称为普通低合金高强度钢。常用的有 16Mn、16MnR、15MnVN 等，其中 16Mn 应用最广泛，因此以下以 16Mn 钢为例分析其焊接特性。

（1）16Mn 钢的成分和性能。16Mn 是牌号为 Q345 的普通低合金高强度钢，含碳量为 0.12%～0.20%，含锰量 1.2%～1.6%，屈服强度 345MPa，抗拉强度 470～631MPa。它比 Q235 钢仅多加了 1% 的锰，但屈服强度却提高了 40% 左右，而且加工和焊接性能都比较好，是我国目前产量最大、应用最广的普通低合金高强度钢。

（2）16Mn 的焊接性。16Mn 的碳当量为 0.32%～0.47%，焊接性一般，焊接前一般不用预热。但是对于厚度大、刚性大的结构在低温环境下焊接时，需要预热。

（3）常用的焊接方法和焊接材料。常用的焊接方法如焊条电弧焊、埋弧焊、氩弧焊、二氧化碳气体保护焊等都可以用来焊接 16Mn。

焊条电弧焊时应用最多的是 E5015（J507）和 E5016（J506）碱性焊条，对于要求不高的构件，也可采用 E5003（J502）酸性焊条。

埋弧焊可采用 H08MnA 或 H10Mn2 牌号焊丝，焊剂采用 HJ431。

CO_2 气体保护焊采用的焊丝牌号为 H08Mn2SiA；氩弧焊一般采用 H10MnSi 焊丝。

第三章 焊接知识

第一节 焊接冶金知识

一、焊接的定义及特点

焊接是通过加热或加压或两者兼用，可以用或不用填充材料，使焊件达到原子结合的一种加工方法。

焊接的本质是使两个分离的物体产生原子间结合，使之连接成一体的连接方法。

焊接的特点：

（1）焊接结构的应力集中变化范围比铆接结构大：铆钉孔周围的应力集中系数变化较小，而焊缝除了起着连接焊件的作用外，还与基本金属组成一个整体，并能在外力作用下与它一起变形。因此，焊缝的形状和焊缝的布置必然会影响应力的分布，使应力集中在较大的范围内变化。

（2）焊接结构有较大的焊接应力和变形：绝大多数焊接方法都采用局部加热，经焊接后的焊件不可避免地在结构中会产生一定的焊接应力和变形。

（3）焊接接头具有较大的性能不均匀性。

（4）焊接接头中存在着一定数量的缺陷：焊接接头中通常有裂纹、气孔、夹渣、未焊透、未熔合等缺陷。缺陷的存在会降低强度，引起应力集中，损坏焊缝致密性，是造成焊接结构破坏的主要原因之一。但是，采用合适的工艺措施和加强工艺质量管理，这些缺陷是可以预防的，即使已产生了缺陷，也是可以修复的。

（5）焊接接头的整体性：焊接接头的整体性是焊接结构区别于铆接结构的一个重要特性。这个特性一方面赋予焊接结构高密封性和高刚度，另一方面又带来了问题。例如，止裂性能不如铆接结构好，裂纹一旦扩展，就不易制止，而铆接缝往往可以起到限制裂纹扩展的作用。

综上所述，焊接结构有其自身的特点，只有正确地认识它，切实掌握它的特点，才能设计制造出性能良好、经济指标高的焊接结构。

二、焊接热过程的特点及其影响

1. 焊接热过程的特点

焊接热过程不同于一般的整体均匀加热，它是一个复杂的热过程，存在着如下三个特点。

（1）焊接热过程是在焊件的局部进行的过程。由于焊接时的加热不是对焊件的整体，只是在热源直接作用的局部地区，因此对焊件整体来说，加热极不均匀，这样的热过程要比整体均匀的加热复杂得多。

（2）焊接热过程是一个瞬时进行的过程。由于在高度集中的热源作用下，加热的速度极快（在电弧焊的条件下，加热速度可达1500℃以上），即在很短的时间内，把大量的热由热源传递给焊件。

（3）焊接热过程中的热源是相对运动着的。由于焊接时焊件受热的区域不断变化，这就使得这种传热过程是不稳定的。

2. 焊接热过程对焊接质量的影响

（1）焊件受焊接热过程的影响被局部加热熔化，熔池金属会与气体反应，改变了金属的化学成分。在冷却凝固时，得到不同的组织，这将使焊缝金属有可能产生缺陷或对焊缝金属的性能有很大的影响。

（2）焊接热过程使焊接热影响区的组织和性能发生变化，在多数情况下，焊接热影响区的性能都是变坏的。

（3）焊接热过程的不均匀加热，引起焊件各区域不均匀的体积膨胀和收缩，使焊接结构中产生焊接变形与应力。

三、焊接区的加热与传导

1. 焊接温度场及影响因素

焊接过程中的某一瞬间焊接接头上各点的温度分布状态，叫做焊接温度场。焊接温度场通常用等温线或等温面来表示。

图3-1是一块焊接钢板某一瞬时温度场的示意图。从焊接钢板的俯视图来看，由于热源以一定速度移动，钢板某一瞬时各部分受热的温度分布是一系列近似椭圆形的等温线，即每条线上的温度是相等的。在热源的中心部分是熔化金属形成的熔池，它的边缘线相当于钢的熔点，离熔池越远，温度逐渐降低。由图中可见，在电弧移动的前方，等温线量最密，而在其后方，等温线较疏。

根据温度场的分布，可以判断焊件上哪些地方熔化，哪些地方产生相变，焊件上产生内应力和变形的趋势和塑性变形区的范围，热影响区的宽度等。但是要准确地测出和描绘焊接温度场的分布是比较困难的，目前只能粗略地测出。

影响焊接温度场的因素：

（1）热源的性质及焊接工艺参数

由于热源的性质不同（如电弧焊、气焊、电渣焊、电子束焊、激光焊等），焊接时温度场的分布也不同。如电子束焊接时，热能高度集中，所以焊接温度场的范围很小；而在气焊时，热源的作用面积大，因此温度场的范围也较大。

（2）母材的热物理性质

1）导热系数。导热系数是表示金属传导热量的能

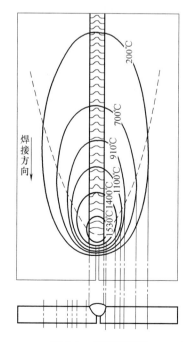

图3-1　焊接温度场

力，它是指在单位时间内，单位距离相差1℃时，经过单位面积所传过的热能。导热系数越大，就说明加热或冷却的速度越快，所以导热系数小的铬—镍不锈钢的焊接温度场范围最大，对性能变化及发生应力变形的影响最大。

2）比热容。1g物质每升高1℃所需的热能称为比热容。铜、铝、低碳钢和不锈钢，它们的比热容依次递减，因此在相同热源的作用下，不锈钢的温升较高，所以它的温度场的范围大。

3）板厚。焊接热源的热量，在厚板中是沿着空间方向传播的；而薄板中热的传播，可以看做是在平面方向上进行的。因此，当热源相同、功率相同、焊接速度相同时，不同板厚的温度场也是不同的。

除上述以外，影响焊接温度场的因素还有接头的形式、坡口、间隙以及预热温度等。

2. 焊接热循环

焊接过程中热源沿焊件移动时，焊件上某点的温度随时间变化的过程，叫做该点的焊接热循环。当热源向该点靠近时，该点的温度随之升高，直至达到最大值。随着热源的离开，温度又逐渐降低，整个过程可以用一条热循环曲线表示。焊接热循环可描述焊接过程中热源对母材金属的热作用。说明焊接是一个不均匀加热和冷却的过程，也可以说焊接是一种特殊的热处理过程。因此，使焊接热影响区具有不均匀的组织、性能和复杂的应力应变。

3. 焊接线能量

熔焊时，由焊接热源输入给单位长度焊缝上的能量，称为焊接线能量。焊接线能量表达式为：

$$E_0 = UI/v$$

式中　E_0——焊接线能量（J/cm）；

　　　U——电弧电压（V）；

　　　I——焊接电流（A）；

　　　v——焊接速度（cm/s）。

四、焊缝金属的组织和性能

焊缝金属的性能是由焊缝的熔合比（母材在焊缝金属中所占的比例）、冶金反应和冷却结晶的金相组织决定的。

1. 焊接熔池的一次结晶

电弧离开熔池后，熔池冷却从液态金属转变为固态的过程叫做一次结晶。焊接过程中的许多缺陷如气孔、裂纹、夹杂和偏析等大都是在一次结晶过程产生的。因此，焊接熔池的一次结晶对焊缝金属的组织和性能有着极大影响。

一次结晶缺陷及其对焊缝性能的影响：

（1）焊缝中的偏析

在熔池进行结晶的过程中，由于冷却速度较快，已凝固的焊缝金属中，化学成分来不及扩散，合金元素的分布是不均匀的，这种现象称为偏析。在焊缝边界处（熔合区）还会出现更明显的成分不均匀，该处常成为焊接接头薄弱地带。焊缝中的偏析直接影响焊缝金属的性能，而且也是产生裂纹、气孔和夹杂等缺陷的主要原因之一。

（2）焊缝中的气孔和夹杂

气孔和夹杂是焊缝中常见的焊接缺陷，它不仅影响焊缝的致密性，而且会削弱焊缝的有效工作断面，并造成应力集中，显著降低焊缝的强度、塑性和韧性。特别对动载强度和疲劳强度更为不利，在个别情况下，气孔和夹杂还会引起裂纹。

1）焊缝中的气孔。形成气孔的气体分为两类：第一类是高温时某些气体溶解于熔池金属中，当凝固结晶时，气体的溶解度突然下降，若来不及逸出，将残留在焊缝金属中成为气孔，这类气体有氢和氮。第二类是由于冶金反应产生的不融于金属的气体，如 CO 和 H_2 等。

由于形成气孔的气体不同，因此，气孔的形态和特征也有所不同。

① 氢气孔。低碳钢及低合金钢焊缝中，氢气孔的断面形态呈螺丝状，从焊缝表面看呈圆喇叭口形，气孔内壁光滑。氢气孔有时也会出现在焊缝内部。若焊条药皮中含有较多的结晶水，使焊缝中的含氢量过高，在结晶时来不及上浮，将残存在焊缝内部成为气孔，这种氢气孔以小圆球形存在。铝、镁合金的氢气孔常出现在焊缝内部。氢气孔是在熔池结晶过程中形成的。氢主要来源于焊条药皮、焊剂中的水分、药皮中的有机物、焊件及焊丝表面的油污和铁锈、空气中的水分等。

② 氮气孔。氮主要来自焊接区周围的空气，如气体保护焊时，保护气体受风的影响，或因飞溅物堵塞喷嘴等因素，破坏了气体的保护效果，使空气进入熔池；又如手工电弧焊时，电弧拉得过长，也会使空气进入熔池，焊缝中的氮主要来自空气。

氮气孔多出现在焊缝表面，呈蜂窝状密集分布。氮是焊缝中产生气孔的原因之一，并降低了焊缝金属的塑性和韧性，因此，它是有害元素。控制焊缝含氮量的主要措施是加强对焊接区域的保护，手工焊时采用短弧焊，防止空气侵入熔池。

③ CO 气孔。这类气孔主要是焊接碳钢时，由于冶金反应产生了大量 CO，CO 在结晶过程中来不及逸出而残留在焊缝内部，形成气孔，气孔沿结晶方向分布，形如条虫状，内表面光滑。

2）焊缝中的夹杂。焊缝中有夹杂物存在时，不仅降低焊缝金属的韧性，增加低温脆性，同时增加了热裂纹倾向。焊缝中常遇到的夹杂物有氧化物夹杂、氮化物夹杂和硫化物夹杂，这些都是焊后残留在焊缝金属中的非金属夹杂物。

① 氧化物夹杂。在用手工电弧焊和埋弧自动焊焊接低碳钢时，氧化物夹杂的主要成分是 SiO_2，其次是 MnO、TiO_2 和 Al_2O_3 等，它们多以硅酸盐形式存在。硅酸盐的熔点一般低于金属的熔点。因此，在焊缝结晶后期，易形成低熔点夹层而引起热裂纹。

氧化物夹杂主要是在熔池进行脱氧反应时产生的，焊接时熔池的脱氧越完善，焊缝中的氧化物夹杂越少，其危害越小。少量夹杂物是由于焊工操作不当而混入焊缝中的。

② 氮化物夹杂。空气是焊缝中氮的惟一来源，因此，只有在保护不良时，才会出现较多的氮化物夹杂。

焊接低碳钢和低合金钢时，焊缝中氮化物夹杂的主要是 Fe_4N，它是焊缝在时效过程中从过饱和的固溶体中析出的，并以针状分布在晶内和晶界。由于 Fe_4N 是一种脆硬相，因此，当其含量较高时，会使焊缝的硬度提高，塑性、韧性急剧下降。

③ 硫化物夹杂。硫化物主要来源于焊条药皮和焊剂，经冶金反应后转入熔池。当母材和焊丝中的含硫量偏高时，也会产生硫化物夹杂。

焊缝中的硫化物夹杂主要以 MnS 和 FeS 形态存在。当以 MnS 形式存在时，由于 MnS 主要呈细小颗粒状，所以对焊缝金属的性能影响不大；当以 FeS 形式存在时，由于 FeS 极易与 Fe 和 FeO 形成低熔点共晶，并沿晶界析出，促使形成热裂纹，故危害性很大。

上述三类夹杂物对焊缝质量都有不利的影响，它们不仅会导致焊接缺陷，而且还会恶化焊缝金属的力学性能，使塑性、韧性急剧降低。夹杂物的危害程度与其数量、大小、形态及分布状态有关。当夹杂物以细小的显微颗粒呈均匀弥散分布时，对塑性、韧性影响较小，而且还可提高焊缝金属的强度。因此，焊接时应特别注意防止宏观的大颗粒和片状夹杂出现。

防止焊缝中产生夹杂物的措施是正确选择焊条和焊剂，使之更好地脱氧、脱硫，并注意操作工艺方法，如选择合适的焊接工艺参数，以利于夹杂从熔池浮出。多层焊时注意清除前层焊缝的熔渣，焊条角度和摆动要适当，促使熔渣浮出，操作时注意保护熔池，防止空气侵入熔池中。

2. 焊缝金属的二次结晶

焊接熔池一次结晶后，已转变为固态焊缝。焊缝金属从高温冷却到室温时，要经过一系列相变过程，称为焊缝金属的二次结晶。焊缝的一次结晶组织一般都是奥氏体。当焊缝金属连续冷却到低于相变温度时，奥氏体组织进一步转变或分解，转变后的组织，将根据焊缝的化学成分、冷却条件及焊后热处理等因素而决定。

低碳钢焊缝金属因含碳量低，二次相变组织大部分是铁素体加少量珠光体。铁素体首先沿原奥氏体边界析出，这样就勾划出一次组织的柱状轮廓，称为柱状铁素体。其晶粒十分粗大，甚至一部分铁素体还具有魏氏体组织的形态。魏氏组织的特征是铁素体在奥氏体晶界呈网状析出，也可从奥氏体晶粒内部沿一定方向析出，具有长短不一的针状或片条状，可直接插入珠光体晶粒之中。魏氏法组织主要出现在晶粒粗大的过热的焊缝之中。魏氏组织是一种性能较差的过热组织。

多层焊或经热处理的焊缝金属可获得细小的铁素体和少量珠光体组织，一般使钢中柱状组织消失的临界温度约在 A_{c3} 点以上 20～30℃。低碳钢在 900℃ 以上短时加热即可使柱状组织消失。

相同成分的焊缝金属，由于冷却速度不同，也会使焊缝的组织有明显的不同。冷却速度越大，焊缝金属中珠光体含量越高。铁素体越少，焊缝组织的晶粒越细，焊缝的硬度和强度有所提高，而塑性、韧性下降。如果冷却速度减慢，高温停留时间增长，铁素体可呈粗大的魏氏组织，使焊缝金属韧性下降。

3. 改善焊缝二次组织的方法

改善焊缝二次组织是提高焊缝性能的重要途径，生产上常用的方法简要介绍如下。

（1）焊后热处理

焊后热处理不仅改善了焊缝性能，同时也改善了整个焊接接头的性能，是充分发挥焊接结构潜在性能的有效措施。根据结构及被焊材料的不同，采用的热处理方法也不同，如珠光体耐热钢电站设备，焊后一般进行回火热处理；电渣焊厚板结构，焊后要进行正火处理；中碳调质钢的飞机起落架，焊后须进行调质处理，以提高接头的强度和韧性。

（2）多层焊

焊接相同厚度的钢板，采用多层焊可以提高焊缝金属的性能。该法一方面由于每层焊缝变薄，改善了一次结晶条件；另一方面前层焊缝对后层焊缝起预热作用，可降低焊缝的冷却速度，而后层焊缝对前层焊缝起热处理作用，从而改善了焊缝的二次组织。

（3）锤击焊道表面

锤击焊道表面既能改善一次组织，又可改善二次组织。因为锤击可使前一层焊缝（或坡口表面）不同程度地晶粒破碎，使后层焊缝晶粒细化，这样逐层锤击焊缝就可以改善二次组织的性能，产生塑性变形，降低残余应力，从而提高焊缝金属的韧性。

一般采用风铲锤击，锤头圆角约 1.0～1.5mm 为宜，锤痕深度约为 0.5～1.0mm，锤击的方向及顺序应先中央后两侧，依次进行。有专用锤击焊缝用的针束状风铲。

（4）跟踪回火处理

每焊完一层后，立即用气焊火焰加热焊道表面，温度控制在 900～1000℃。

如果手工电弧焊焊道的平均厚度约为 3mm，则跟踪回火对前三层焊缝都有不同的热处理作用。最上层焊缝（0～3mm）相当于正火处理；对中层焊缝（3～6mm）承受约 750℃左右的高温回火处理；对下层焊缝（3～9mm）进行了 600℃左右的回火处理。所以采用跟踪回火对每道焊缝在焊接过程中将经受两次正火处理和若干次回火处理，不仅改善了焊缝的二次组织，同时也改善了整个焊接接头的组织性能和力学性能。

五、焊接应力与变形

在物体受到外力作用发生变形的同时，在其内部会出现一种抵抗变形的力，这种力叫做内力。物体由于受到外力的作用，在单位面积上出现的内力叫做应力。

应力并不都是由外力引起的，如物体在加热膨胀或冷却收缩过程中受到阻碍，就会在其内部出现应力，这种情况在不均匀加热或冷却过程中就会出现。当没有外加载荷的情况下，物体内部所存在的应力叫做内应力。

由于焊接热过程而引起的应力和变形就是焊接应力与焊接变形。

1. 影响焊接结构变形的因素

（1）焊缝在结构中的位置

焊缝在结构上位置的不对称，往往是造成焊接结构整体弯曲变形的主要因素。另外，焊缝距焊件的断面中性轴的距离，也是影响弯曲变形程度的主要因素。如图 3-2 所示，焊缝距中性轴越远，则焊件就越易产生弯曲变形。

（2）焊接结构的刚性

焊接结构的刚性是在装配、焊接过程中逐渐增大的，结构整体的刚性总比它的零件或部件的刚性大。

（3）焊接结构的装配、焊接顺序

对于截面对称，焊缝布置也对称的简单结构，采用先装配成整体，然后再焊接的顺序进行生产，就可以减少变形。图 3-3 所示是工字梁装配、焊接顺序图。若按图 3-3（b）所示的边装边焊的顺序进行生产，焊后产生的上拱弯曲变形就比整体装配后再焊接图 3-3（c）大得多。但是并不是所有的焊接结构都可以采用先总装后焊接的顺序，一定要视具体情况而定。

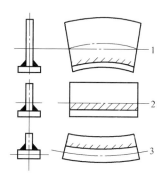

图 3-2　焊缝与焊件中性轴相
对位置对弯曲变形的影响
1，2，3—中性轴

49

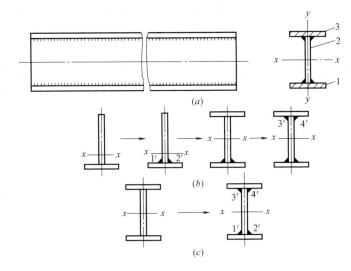

图 3-3　工字梁装配焊接顺序

(a) 工字梁的结构形式；(b) 边装边焊顺序；(c) 总装后焊顺序

1—下盖板；2—腹板；3—上盖板

　　有了合理的装配顺序，还要有合理的焊接顺序相配合，才能达到减少焊接变形的效果，否则即使是焊缝布置对称的焊接结构，又是在相同的焊接工艺参数下焊接，结果还会引起变形。如图 3-3 (c) 中若按 1′、2′、3′、4′ 的顺序焊接，焊后同样还会产生上拱的弯曲变形。而如果按 1′、4′、3′、2′ 的顺序焊接，焊后的弯曲变形将会减小。图 3-4 所示为对称 X 形坡口的对接接头，若焊接顺序不合理，便会造成接头较大的角变形。

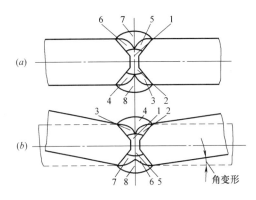

图 3-4　X 形坡口对接接头的角变形

(a) 合理的焊接顺序；(b) 不合理的焊接顺序

　　（4）其他因素

　　1）焊接材料的线膨胀系数。焊接材料的线膨胀系数越大，则焊后收缩变形越大。常用焊接材料中铝、不锈钢、16Mn 钢、碳素钢的线膨胀系数依次减小，可见铝的焊后变形最大。

　　2）焊接方法。在焊接过程中，焊件受热越多，金属受热的体积越大，则焊件的变形也越大。因此，一般气焊的焊后变形要比电弧焊大。

　　3）焊接工艺参数。焊接工艺参数对焊件变形的影响，主要是指焊接电流和焊接速度。其根本原因是这两个参数直接影响着焊接线能量的大小。因此，对大多数焊接结构来说，变形随着焊接电流的增大而增大，随着焊接速度的增加而减小。

　　4）焊接方向。

　　5）焊接结构的自重和形状。自重较大或形状较长的焊件，其焊后变形也较大。另外，如焊缝装配间隙过大，坡口角度过大，均会增加焊后的变形量。

　　总之，各种影响焊接残余变形的因素并不是孤立地起作用的。这就要求在分析焊接结构的应力和变形时，要考虑各种影响因素，以便能制定出较合理的防止或减少焊接残余变形的措施。

2. 防止和减少焊接结构应力与变形的措施

在焊接结构中，焊接应力和变形并不是孤立的两种现象，它们既同时存在，又相互制约。如果在焊接过程中，常采用焊接夹具等刚性固定法施焊，这样变形减小了，而应力却增加了；反之，为使焊接应力减小，就要允许焊件有一定程度的变形。在生产实践中，往往既要使焊接结构不存在大的残余变形，又不允许存在较大的焊接应力，因此必须采取合理的防止和减少焊接应力与变形的措施。

（1）焊接结构的合理设计

在焊接结构设计时，一般除了考虑到结构的强度、稳定性以及经济性以外，还必须考虑到焊接结构在焊接时，不致出现过大的焊接应力与变形。因此，在设计上应注意如下几点。

1）在保证结构有足够强度的前提下，尽量减少焊缝的数量和尺寸，适当采用冲压结构，以减少焊接结构。

2）将焊缝布置在最大工作应力区域以外，以减少焊接残余应力对结构强度的影响。

3）对称的布置焊缝，使焊接时产生均匀的变形（防止弯曲和翘曲）。

4）使制造过程中能采用简单的装配焊接胎夹具。

（2）防止和减少焊接结构应力的工艺措施

1）选择合理的焊接顺序。为防止和减少焊接结构的应力，可按以下几个原则合理安排焊接顺序。

① 尽可能考虑焊缝能自由收缩。

② 先焊收缩量最大的焊缝。对一个焊接构件来说，往往先焊的焊缝其拘束度小，即焊缝收缩时受阻较小，故焊后应力较小。这样，如果将收缩量大的，焊后可能会产生较大焊接应力的焊缝，置于先焊的地位，那么势必会减小焊接应力。另外，由于对接焊缝的收缩量比角焊缝的收缩量大，故当同一焊接结构这两种焊缝并存时，应尽量先焊对接焊缝。

③ 焊接平面交叉焊缝时，应先焊横向焊缝（一般是最长的一整条）。平面交叉焊缝的交叉总会产生较大的焊接应力，故一般在设计中应尽量避免。但是，要注意焊缝的起弧和收尾应避免在焊缝的交点上，并保证横向焊缝先焊，以便有自由收缩的可能。

④ 对称焊接。图 3-5 所示的圆筒体对称焊缝，可由两名焊工对称地按图中顺序同时施焊。

⑤ 不对称焊缝先焊焊缝少的一侧。对于不对称焊缝的结构，采用先焊焊缝少的一侧的方法。这是因为后焊焊缝多的一侧，在焊后的变形足以抵消前一侧的变形，以使总体变形减小。

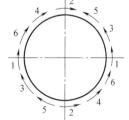

图 3-5　圆筒体对接焊的
对称焊接顺序

⑥ 采用不同的焊接顺序。对于结构中的长焊缝，如果采用连续的直通焊，将会造成较大的变形，这是因为对焊缝加热时间过长的缘故。因此，在可能的情况下，将连续焊改成分段焊，并适当地改变焊接方向，以使局部焊缝造成的变形适当减小或相互抵消，从而达到减少总体变形的目的。图 3-6 为采用不同焊接顺序的对接焊缝。

当焊缝长度在 1m 以上时，可采用如图 3-6 (a)、(b)、(c)、(d) 所示的分段退焊法，分中分段退焊法，跳焊法和交替焊法；对长度为 0.5～1m 的焊缝，可采用分中对称焊法。

一般退焊法和跳焊法，每段焊缝长度约为 150～350mm 较为适宜。交替焊法因工作位置移动次数太多，故较少采用。

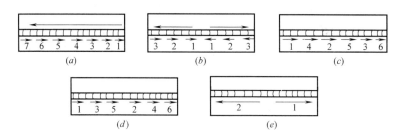

图 3-6 采用不同焊接顺序的对接焊缝

(a) 分段退焊法；(b) 分中分段退焊法；(c) 跳焊法；(d) 交替焊法；(e) 分中对称焊法

2) 选择合理的焊接工艺：

① 预热法。预热法即是指在焊接开始前对焊件的全部（或局部）进行加热的工艺措施，一般预热的温度是在 150～350℃之间。预热法的目的是减小焊接区和结构整体的温差，温差越小，越能使焊缝区与结构整体尽可能地均匀冷却，从而减少内应力。对于易裂的焊接材料（中、高碳钢，合金结构钢，铸铁件等）及刚性较大的焊件，常采用此法。预热的温度视金属材料、结构刚性、散热情况等的不同而异。

② 反变形法。根据生产中已经发生变形的规律，预先把焊件人为地制成一个变形，使这个变形与焊后发生的变形方向相反而数值相等，这种方法称为反变形法，如图 3-7 (a)、(b) 所示。

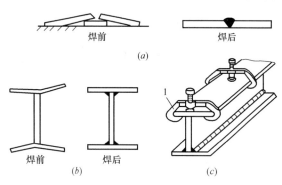

图 3-7 反变形法示例

(a) 预置反变形；(b) 塑性预弯反变形；(c) 强制预弯反变形
1—螺旋夹头

③ 刚性固定法。刚性固定法的实质是在焊接时，将焊件固定在具有足够刚性的基础上，使焊件在焊接时不能移动，在焊后完全冷却后再将焊件放开，这时焊件的变形要比在自由状态下焊接时所发生的变形小，如图 3-7 (c) 所示。

④ 敲击法。焊缝区金属由于在冷却收缩时受阻会产生拉伸应力，为减小这种应力，在焊后的冷却过程中，可以用手锤或风锤敲击焊缝金属，促使焊缝金属产生塑性变形，以抵消焊缝的一部分收缩量，从而起到减小焊接应力的作用。实践证明，多层焊时敲击第一层焊缝金属，就能使内应力几乎全部消除。为防止产生裂纹，敲击应在焊缝塑性较好的热态时进行。另外，为保持焊缝表面的美观，表层焊缝一般不锤击。

⑤ 散热法。散热法又称强迫冷却法，就是把焊接处的热量迅速散走，使焊缝附近的金属受热区域大大减小，以达到减少焊接变形的目的。这种方法对具有淬火倾向的钢材不

宜采用，否则易产生裂纹。

3. 焊接变形的矫正

（1）机械矫正法

机械矫正法是利用机械力的作用来矫正变形，如图 3-8 所示。对于低碳钢结构，可在焊后直接应用此法矫正；对于一般合金结构钢的焊接结构，焊后必须先行消除应力处理才能机械矫正，否则不仅矫正困难，而且易产生断裂。

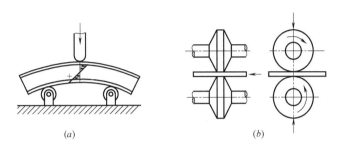

图 3-8　机械矫正示例

（a）用压力机矫正弯曲变形；（b）用辊轮矫正失稳变形

（2）火焰矫正法

火焰矫正法是用氧-乙炔火焰或其他气体火焰（一般采用中性焰），以不均匀加热的方式引起结构变形来矫正原有的残余变形。构件自然冷却或强制冷却后，局部产生收缩变形来抵消原有的变形。

火焰矫正法的关键是掌握火焰局部加热引起变形的规律，以便定出正确的加热位置，否则就会得到相反的效果。火焰矫正法在使用时，应控制温度和重复加热的次数。这种方法不仅适用于低碳钢，而且还适用于部分普低钢的矫正，塑性较好的材料还可以用水强制冷却（易淬火钢除外）。

1）点状加热矫正。图 3-9 所示为点状加热矫正钢板和钢管的实例。如图 3-9（a）所示，加热点直径一般不小于 15mm；点与点的距离 h 应随变形量的大小而变，残余变形越大，h 越小，一般在 50～100mm 之间变动。为提高矫正速度和避免冷却后在加热处出现小泡突起，往往在加热完一个点后，立即用木锤锤打加热点及其周围，然后浇水冷却。这种方法常用于矫正厚度在 8mm 以下的钢板的波浪变形。图 3-9（b）所示为钢管弯曲的

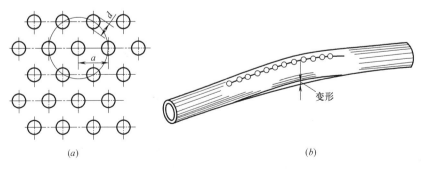

图 3-9　点状加热矫正

（a）钢板的点状加热；（b）钢管的点状加热

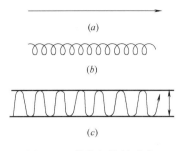

图 3-10　线状加热的形式

(a) 直通加热；(b) 链状加热；

(c) 带状加热

点状加热矫正。加热温度为 800℃，加热速度要快，加热一点后迅速移到另一点加热。经过同样方法加热，自然冷却 1~2 次，即能矫直。

2) 线状加热矫正。火焰沿着直线方向或者同时在宽度方向作横向摆动的移动，形成带状加热，均称线状加热。图 3-10 为线状加热的几种形式。在线状加热矫正时，加热线的横向收缩大于纵向收缩。加热线的宽度越大，横向收缩也越大，所以尽可能发挥加热线横向收缩的作用。加热线宽度一般取钢板厚度的 0.5~2 倍左右。这种矫正方法多用于变形较大或刚性较大的结构，也可矫正钢板。

图 3-11 为采用线状加热矫正的实例。线状加热矫正，根据钢材性能和结构的可能，可同时用水冷却，即水火矫正（图 3-12）。这种方法一般用于厚度小于 8mm 的钢板，水火距离通常在 20~30mm 左右。对于允许采用水火矫正的普低钢，在矫正时根据不同钢种，把水火距离拉得远些。

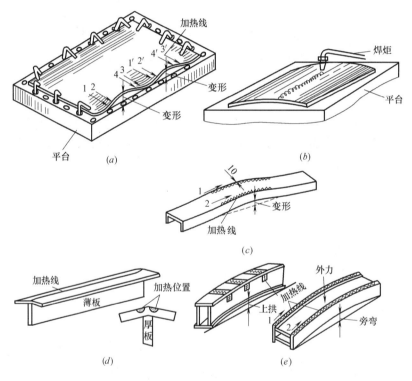

图 3-11　线状加热矫正

(a) 薄钢板；(b) 厚钢板；(c) 槽钢；(d) T 字梁；(e) 箱形梁

3) 三角形加热矫正。三角形加热即加热区呈三角形。加热的部位是在弯曲变形构件的凸缘，三角形的底边在被矫正构件的边缘，顶点朝内。由于三角形区域加热面积较大，所以收缩量也较大。可用两个或更多个焊炬同时加热，并根据结构的具体情况，可再加外力或用水急冷。图 3-13 为 T 字梁的三角形加热矫正。

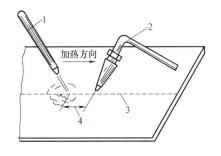 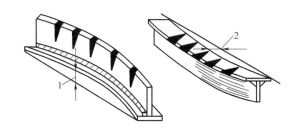

图 3-12 水火矫正   图 3-13 T 字梁的三角形加热矫正
1—水管；2—焊炬；3—加热线；4—水火距离   1—上拱；2—旁弯

第二节 焊接工艺基础知识

一、焊接接头概念

焊接接头是只有两个或两个零件要用焊接组合或已经焊合的接点。检验接头性能应考虑焊缝、熔合区、热影响区甚至母材等不同部位的相互影响。对母材、焊缝、熔合区和热影响区的定义如下：

（1）母材金属：被焊金属的统称。

（2）焊缝：焊件经焊接后所形成的结合部分。

（3）熔合区：焊缝与母材交接的过渡区，即熔合线处微观显示的母材半熔化区。

（4）热影响区：焊接或切割过程中，材料因受热的影响（但未熔化）而发生金相组织和机械性能（也称力学性能）变化的区域。

二、主要的焊接接头形式和坡口形式

1. 接头形式

焊接中，由于焊件的厚度、结构及使用条件不同，其接头形式及坡口形式也不同，焊接接头形式有对接接头、T 形接头、十字接头、角接接头、搭接接头、管接头等，如图3-14和表 3-1 所示。

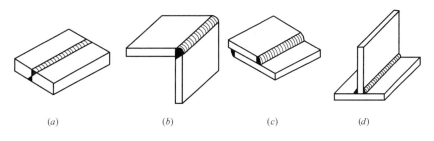

（a）   （b）   （c）   （d）

图 3-14 常见接头形式
（a）对接接头；（b）角接接头；（c）搭接接头；（d）T 形接头

接头形式及坡口形状代号 表 3-1

接 头 形 式		坡 口 形 状	
代 号	名 称	代 号	名 称
板接头 B	对接接头	I	I 形坡口
T	T 形接头	V	V 形坡口
X	十字接头	X	X 形坡口
C	角接接头	L	单边 V 形坡口
F	搭接接头	K	K 形坡口
管接头 T	T 形接头	U*	U 形坡口
K	K 形接头	J*	单边 U 形坡口
Y	Y 形接头	—	—

注：当钢板厚度≥50mm 时，可采用 U 形或 J 形坡口。

（1）对接接头

两焊件表面构成大于或等于 135°、小于或等于 180°夹角的接头，叫做对接接头。在各种焊接结构中，它是采用最多的一种接头形式。对接接头从受力的角度看是比较理想的接头形式，受力状况好，应力集中较小。

（2）角接接头

两焊件端面间构成大于 30°、小于 135°夹角的接头，叫做角接接头。

（3）T 形接头

一焊件之端面与另一焊件表面构成直角或近似直角的接头，叫做 T 形接头。

（4）搭接接头

两焊件部分重叠构成的接头，叫做搭接接头。

2. 坡口形式

坡口就是根据设计或工艺需要，在焊件的待焊部位加工并装备成一定几何形状的沟槽。坡口的主要作用是：

(1）使电弧深入坡口根部，保证根部焊透。

(2）便于清除熔渣。

(3）获得较好的焊缝成形。

(4）调节焊缝中熔化的母材和填充金属的比例。

坡口的基本形式主要有以下几种，如图 3-15 所示。

1）I 形（不开坡口）坡口。加工最方便，但只能用于薄板焊接，如焊条电弧焊时，单面焊 3mm 以下，双面焊 6mm 以下的板厚，可以采用 I 形坡口。

2）V 形（Y 形）坡口。加工和施焊方便（不必翻转焊件），但焊后容易产生角变形。

3）X 形（双 V 或双 Y 形）坡口。这类坡口是在 V 形坡口的基础上发展的。当焊件厚度增大时，采用 X 形代替 V 形坡口，在同样厚度下，可减少焊缝金属量约 1/2，并且可以对称施焊，焊后的残余变形较小。其缺点是焊接过程中要翻转焊件，而且在筒形焊件的内部施焊时，使劳动条件变差。

4）U 形坡口。在焊件厚度相同的条件下，填充金属量比 V 形坡口小的多，但这种坡口的加工比较复杂。

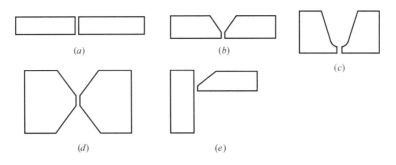

图 3-15　坡口形式

(a) I 形坡口；(b) Y 形坡口；(c) U 形坡口；(d) X 形坡口；(e) 单 V 形坡口

3. 坡口的几何尺寸

对坡口几何尺寸的定义如图 3-16 所示。

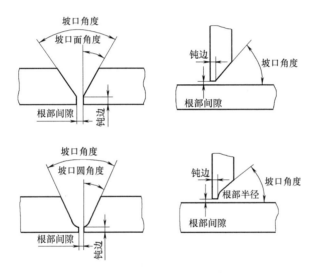

图 3-16　坡口的几何尺寸

（1）坡口面。待焊件上的坡口表面。

（2）坡口面角度和坡口角度。待加工坡口的端面与坡口面之间的夹角叫坡口面角度，符号为 β；两坡口面之间的夹角叫坡口角度，符号为 α。

（3）根部间隙。焊前在接头根部之间预留的空隙，其作用在于打底焊时能保证根部焊透。根部间隙又叫装配间隙，符号为 b。

（4）钝边。焊件开坡口时，沿焊件接头坡口根部的端面直边部分，符号为 p，钝边的作用是防止根部烧穿。

（5）根部半径。在 J 形、U 形坡口底部的圆角半径，符号为 R，它的作用是增大坡口根部的空间，以便于焊透根部。

三、焊接位置

焊接位置是指熔焊时，焊件接缝所处的空间位置。焊接位置有平焊、立焊、横焊和仰焊位置等，如图 3-17 所示。

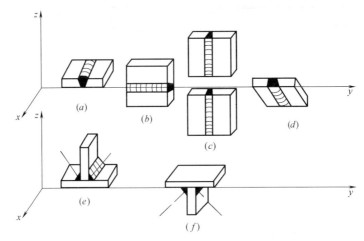

图 3-17　各种焊接位置

(a) 平焊；(b) 横焊；(c) 立焊；(d) 仰焊；(e) 平角焊；(f) 仰角焊

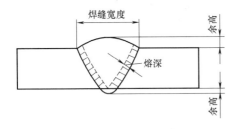

图 3-18　焊缝几何尺寸

四、焊缝的形状尺寸

焊缝的形状用一系列几何尺寸来表示，如图 3-18 所示。不同形式的焊缝，其形状参数也不一样。

1. 焊缝宽度

焊缝表面与母材的交界处叫焊趾，焊缝表面两焊趾之间的距离叫做焊缝宽度。

2. 余高

超出母材表面连线上面的那部分焊缝金属的最大高度叫余高。在动载荷或交变载荷下，因焊趾处存在应力集中，易于促使脆断，所以余高不能低于母材，但也不能过高。焊条电弧焊时的余高值一般为 0～3mm。

3. 熔深

在焊接接头横截面上，母材或前道焊缝熔化的深度叫熔深。

4. 焊缝厚度

在焊缝横截面中，从焊缝正面到焊缝背面的距离，叫焊缝厚度，如图 3-19 所示。

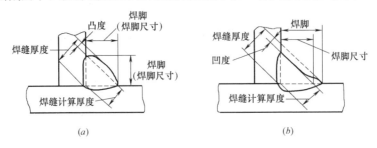

图 3-19　焊缝厚度和焊脚

(a) 凸形角焊缝；(b) 凹形角焊缝

5. 焊缝计算厚度

焊缝计算厚度是设计焊缝时使用的焊缝厚度，对接焊缝焊透时，它等于焊件的厚度；角焊缝时，它等于在角焊缝横截面画出的最大直角等腰三角形中，从直角的顶点到斜边的垂线长度，习惯上也称厚度，如图 3-19 所示。

6. 焊脚

角焊缝的横截面中，从一个直角面上的焊趾到另一个直角面表面的最小距离，叫做焊脚。在角焊缝的横截面中画出的最大等腰直角三角形中直角边的长度叫焊脚尺寸，如图 3-19 所示。

7. 焊缝成形系数

熔焊时，在单道焊缝横截面上焊缝宽度（c）与焊缝计算厚度（s）的比值（$\psi=c/s$）叫焊缝成形系数，如图 3-20 所示。该系数值小，则表示焊缝窄而深，这样的焊缝中容易产生气孔和裂纹，所以焊缝成形系数应该保持一定的数值，例如埋弧自动焊的焊缝成形系数应该大于 1.3。

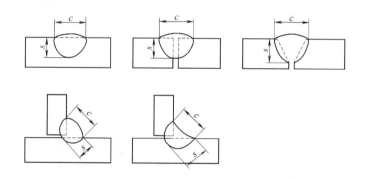

图 3-20　焊缝成形系数的计算

五、焊接工艺参数

焊接时，为保证焊接质量而选定的各项参数（如焊接电流、电弧电压、焊接速度、线能量等）的总称叫做焊接工艺参数。

（1）焊丝直径：是指填充焊丝的直径。

（2）焊接电流：焊接时，流经焊接回路的电流。

（3）电弧电压：电弧两端（两电极）之间的电压。

（4）焊接速度：单位时间内完成的焊缝长度。

（5）焊接层数：每熔敷一次所形成的一条单道焊缝称为焊道，焊接层数就是多层焊或多层多道焊时，焊缝所包含的层数。

（6）焊丝伸出长度：焊接时，焊丝端头距导电嘴端部的距离。

（7）保护气体流量：气体保护焊时，通过气路系统送往焊接区的保护气体的流量，通常用流量计进行计量。

（8）热输入：熔焊时，由焊接热源输入给单位长度焊缝上的能量。

热输入的计算公式为

$$Q=IU/V$$

式中　Q——热输入量（J/mm）；

　　　I——焊接电流（A）；

　　　U——电弧电压（V）；

　　　V——焊接速度（mm/s）。

第三节　焊接材料相关知识

一、焊条电弧焊的焊接材料

焊接材料就是指焊接时所消耗的材料（包括焊条、焊丝、焊剂、气体等）的统称。焊条电弧焊所使用的焊接材料就是焊条。

1. 焊条的组成及其作用

涂有药皮的供焊条电弧焊用的熔化电极叫做焊条，它由药皮和焊芯两部分组成。

焊条电弧焊时，作为电极的焊条，除与母材间产生维持、稳定的电弧外，还要作为填充金属加到焊缝中去。因此，焊条的性质将直接影响到焊缝金属的各项性能，对于焊接过程的稳定性、焊缝的外表质量、焊接生产率甚至焊接作业环境的劳动卫生与防护均有重大影响。

对焊条的基本要求有以下几点：

（1）电弧应容易引燃，在焊接过程中电弧燃烧平稳，再引弧容易。

（2）药皮应均匀熔化，无成块脱落现象，药皮的熔化速度稍慢于焊芯的熔化速度，使焊条熔化时端部能形成喇叭形套筒，有利于金属熔滴过渡和造成保护气氛。

（3）焊接过程中不应有过多的烟雾或过大过多的飞溅。

（4）保证熔敷金属具有一定的抗裂性、所需要的力学性能和化学成分。

（5）焊后焊缝成形正常，熔渣清除容易。

2. 焊芯

焊条中被药皮包覆的金属芯叫做焊芯。

（1）焊芯的作用：主要起作为电极传导电流、产生电弧并熔化进入焊缝起填充金属的作用。

（2）焊芯中的合金元素和杂质：焊芯用钢丝与普通钢材的化学成分主要区别在于严格控制硫、磷的含量和碳含量，以提高焊缝金属的塑性、韧性和焊接性能。普通低碳钢焊条和低合金高强度钢焊条的焊芯均采用优质低碳焊接用钢。

焊接钢材用的焊芯材料有碳素结构钢、合金结构钢和不锈钢三类，其中主要的合金元素和杂质是碳、锰、硅、硫、磷，不锈钢中还含有铬和镍。

1）碳（C）。碳是钢中必然存在的元素。当含碳量增加时，钢的强度和硬度明显提高，但塑性和韧性会降低。随着含碳量的增加，钢的焊接性大大恶化，容易在焊缝中形成裂纹和气孔，并且焊接时飞溅也随之增大，所以碳钢焊条焊芯的含碳量都控制在 0.10% 以下。

2）锰（Mn）：锰也是钢材中的重要合金元素，也是重要的淬透性元素，它对焊缝金属的韧性有很大影响。

当 Mn 含量<0.05% 时焊缝金属的韧性很高。

当 Mn 含量>3%后又很脆。

当 Mn 含量为 0.6%～1.8%时，焊缝金属有较高的强度和韧性。

在焊丝中含锰，除了脱氧作用外，还能和硫化合生成硫化锰（MnS），并被除去（脱硫），故可降低由硫引起的热裂纹的倾向。所以锰在焊芯中属于一种有益的元素，需要保持其一定的含量，低碳钢焊芯中的含锰量为 0.30%～0.55%。

3）硅（Si）。硅能提高钢的强度，但含量过高会降低钢的塑性和韧性。硅是焊丝中最常用的脱氧元素，它可以防止铁与氧化合，并可在熔池中还原 FeO。但是单独用硅脱氧，生成的 SiO_2 熔点高（约 1710℃），且生成物的颗粒小，难以从熔池中浮出，易造成焊缝金属夹渣。所以在碳素结构钢焊芯中，硅被看作一种杂质，限制其含量在 0.03%以下。

4）硫（S）。硫是钢中的一种有害杂质，硫在钢中常以硫化铁的形式存在，并呈网状分布在晶粒边界，因而显著地降低钢的韧性。铁加硫化铁的共晶温度较低（985℃），因此，在进行热加工时，由于加工开始温度一般为 1150～1200℃，而铁和硫化铁共晶已经熔化，从而导致加工时开裂，这种现象就是所谓"硫的热脆性"。硫的这种性质使钢在焊接时产生热裂纹。因此，一般在钢中对硫的含量都严格加以控制。普通碳素钢、优质碳素钢以及高级优质钢的主要区别就在于硫、磷含量的多少。

5）磷（P）。磷也是钢中的一种有害杂质，它对钢的强化作用仅次于碳，使钢的强度和硬度增加，磷能提高钢的抗腐蚀性能，而塑性和韧性则显著降低。特别在低温时影响更为严重，这称为磷的冷脆倾向。故它对焊接不利，增加钢的裂缝敏感性。作为杂质，磷在钢中的含量也要加以限制。

（3）焊芯的牌号。

焊芯的牌号用"焊"字的汉语拼音第一个字母"H"表示，其后的数字表示平均含碳量，其他合金元素的含量表示方法与钢的牌号相同。质量不同的焊芯在最后以一定符号以示区别，"A"表示高级优质钢；"E"表示特级优质钢；"C"表示超级优质钢，其硫、磷含量不超过 0.015%。

例如，常用的焊芯牌号"H08A"中，"H"表示焊接用钢，"08"表示平均含碳量为 0.08%，"A"表示高级优质钢。

（4）焊芯规格。

结构钢常用焊条焊芯的直径和长度见表 3-2。

结构钢常用焊条焊芯的直径和长度　　　　　　　　　　　　表 3-2

焊芯直径(mm)	焊芯长度(mm)			
1.6	200 250			
2.0		250 300		
2.5		250 300		
3.2			350 400	
4.0			350 400	
5.0				400 450

3. 药皮

涂在焊芯表面上的涂料层叫药皮。

（1）焊条药皮的作用

1）机械保护作用。

焊接时，焊条药皮熔化后产生大量的气体笼罩着电弧区和熔池，基本上将熔化金属与周围空气隔绝开来，这些气体中绝大部分是不太容易与金属起反应且较难分解的还原性气体（CO_2、H_2），能在电弧区和熔池周围形成一个很好的保护层，防止空气中的氧、氮侵入，起到对熔化金属较好的保护作用。

焊接过程中药皮被电弧高温熔化后形成密度比金属小的熔渣包裹并覆盖熔池金属，这样不仅隔绝空气中氧、氮保护着焊缝，而且还能减缓焊缝的冷却速度，促进焊缝金属中空气的排出，减少生成气孔的可能性，并能改善焊缝的成形和结晶，以获得美观的焊缝。因此焊条电弧焊属于气渣联合保护。

2）冶金处理及渗入有用合金。

电弧焊接过程中通过焊条药皮熔化并进入熔池进行的冶金反应去除氧、硫、磷等有害杂质并渗入有用合金的作用。简单地说，药皮虽然有起联合保护作用，但由于保护气体散发方向分散（不像按气体保护焊接时那样保护气体指向熔池，并有一定的压力和足够的流量在电弧及熔池周围起到全面提高作用），加上熔渣的黏度及表面张力的作用不足以严密包围熔池等原因，液态金属不可避免地要受到少量空气侵入并氧化，此外，药皮中某些物质受电弧高温作用而分解放出氧，使液态金属中有用的合金元素烧损或形成有害金属氧化物（如氧化铁就是铁锈，根本不能受力），导致焊缝质量降低，因此，在药皮中加入这些还原剂，使氧化物还原以保证焊缝质量是必要的，也是可行的。药皮中根据需要加入一些去氧、去硫、去磷的物质以提高焊缝金属的抗裂性（如低氢焊条），药皮中加入铁合金或纯合金元素，使之随着药皮的熔化过渡带入焊缝中去，以弥补合金元素烧损和提高焊缝金属的力学性能。

3）改善焊接工艺性能。

焊条药皮能使电弧稳定燃烧，能使焊缝成形好，易脱渣和熔敷效率高，药皮中加入低电离电位的物质（如钾、钠金属氧化物等），来提高电弧燃烧的稳定性，焊条药皮的熔点虽然低于焊芯，但因焊芯处于电弧的中心区，温度较高，所以还是焊芯先熔化，药皮稍晚一点熔化，这就使焊条端头形成一药皮套筒，使电弧热量更集中，减少飞溅，有利于熔滴向熔池过渡，提高熔敷效率，这个套筒造成的电弧吹力可使熔滴避免回流，使仰焊、立焊成为可能。焊条药皮加入一些脱渣性较好的物质，可使脱渣容易，本性焊条中含有这些物质脱渣就比较容易，焊接工艺性好，就是这个道理。

（2）焊条药皮的组成

焊条药皮是由各种矿物类、铁合金有机物和化工产品（水玻璃类）等原料组成。焊条药皮的组成成分相当复杂，一种焊条药皮的配方中，组成物有七八种之多。

焊条药皮的成分比较复杂，根据不同用途，有下列数种：

1）稳弧剂。是一种容易电离的物质，多采用钾、钠、钙的化合物，如碳酸钾、长石、白垩、水玻璃等，能提高电弧燃烧稳定性，并使电弧易于引燃。

2）造渣剂。都是些矿物质，如大理石、锰矿、赤铁矿、金红石、高岭土、花岗石、长石、石英等。造成熔渣后，主要是一些氧化物，其中有酸性的二氧化硅、二氧化锑、五氧化二硫等，也有碱性的氧化钙、氧化锰、一氧化铁等。

3）造气剂。有机物，如淀粉、糊精、木屑等；无机物，如碳酸钙等。这些物质在焊条熔化时能产生大量的一氧化碳、二氧化碳、氢气等，包围电弧，保护金属不被氧化和氮化。

4）脱氧剂。常用的有锰铁、硅铁、钛铁等。

5）合金剂。常用有锰铁、铬铁、钼铁、钒铁等钛合金。

6）稀渣剂。常用萤石或二氧化钛来稀释熔渣，以增加其活性。

7）粘结剂。用水玻璃，起作用使药皮各组成粘结起来并粘结于焊芯周围。

（3）焊条药皮类型

焊接结构钢用的焊条药皮类型主要有以下几种：

1）钛铁矿型。药皮中含有30％以上钛铁矿的焊条。熔渣流动性能良好，电弧吹力较大，熔深较深，熔渣覆盖良好，脱渣容易，飞溅一般，焊波整齐。适用于全位置焊接，焊接电流为交流或直流正、反接。常用焊条为E4301、E5001。

2）钛钙型。药皮中以氧化钛和碳酸钙（或碳酸镁）为主的焊条。熔渣流动性良好，脱渣容易，电弧稳定，熔深适中，飞溅少，焊波整齐。适用于全位置焊接，焊接电流为交流或直流正、反焊接。常用的焊条为E4303、E5003。

3）高纤维钾型。药皮中约含15％以上有机物并以钾水玻璃为粘结剂的焊条。焊接时有机物在电弧区分解产生大量的气体，保护熔敷金属。电弧吹力大，熔化速度快，熔渣少，脱渣容易，电弧稳定。适用于全位置焊接，采用交流或直流反接。常用焊条为E4311、E5011。

4）高钛钠型。药皮中以氧化钛为主要组分并以钠水玻璃为粘结剂的焊条。这类焊条电弧稳定，再引弧容易，熔深较浅，熔渣覆盖良好，脱渣容易，焊波整齐。适用于立向上或立向下焊接，采用交流或直流正接。但熔敷金属塑性及抗裂性能较差。主要用于焊接一般碳钢薄板，也可用于盖面焊等。常用焊条为E4312。

5）铁粉钛型。药皮在高钛钾型的的基础上添加了铁粉，熔敷效率较高，适用于全位置焊接。焊缝表面光滑，焊波整齐，脱渣性很好，角焊缝略凸。采用交流或直流正、反接。主要用于焊接一般的碳钢结构，常用焊条为E5014。

6）低氢钠型。药皮中以碱性氧化物为主，并以钠水玻璃为粘结剂的焊条，其主要组成物是碳酸盐矿和石英，碱度较高。焊接工艺性能一般，焊波较粗，角焊缝略凸，熔深适中，脱渣性较好。焊接时要求焊条干燥，并采用短弧焊。可全位置焊接，采用直流反接。熔敷金属具有良好的抗裂性和力学性能。主要用于焊接重要的钢结构，也可焊接与焊条强度相当的低合金钢结构。常用的焊条为E4315、E5015。

7）低氢钾型。药皮中以碱性氧化物为主，并以钾水玻璃为粘结剂的焊条。这类焊条的药皮在低氢钠型的基础上添加了稳弧剂，因而电弧比低氢钠型焊条稳定，焊接电流可采用交流或直流反接。熔敷金属具有良好的抗裂性和力学性能。主要用于焊接重要的碳钢结构。常用焊条为E4316、E5016。

8）铁粉低氢型。药皮在低氢钠型的基础上添加了铁粉的焊条。药皮较厚，焊接电流采用交流或直流反接，焊接时应采用短弧。适用于全位置焊接，焊缝成形较好，主要用于焊接重要的碳钢结构，也可焊接与焊条强度相当的低合金钢结构。但角焊缝较凸，焊缝表面平滑，飞溅较少，熔深适中，熔敷效率较高。常用焊条为E5018、E5048。

（4）酸性焊条和碱性焊条

按焊条药皮的特性分类，焊条可分为酸性焊条和碱性焊条两大类。

1）酸性焊条。焊条药皮中含有多量酸性氧化物（如氧化钛、石英砂）的焊条称为酸性焊条。例如，钛铁矿型焊条、钛钙型焊条、高钛型焊条和纤维素型焊条等。

酸性焊条的最大优点是焊接工艺性能好，容易引弧，并且电弧稳定，飞溅小，脱渣性好，焊缝成形美观，施焊技术容易掌握，因熔渣含有大量的酸性氧化物，焊接时放出氧，因而对工件上的铁锈、水、油污等不敏感。焊接时产生的有害气体少。酸性焊条可用交、直流焊接电源，适用于各种位置的焊接，焊接前焊条的烘干温度低。

酸性焊条的缺点是焊缝金属的力学性能较差，焊缝金属的塑性和韧性均低于碱性焊条形成的焊缝。酸性焊条的另一个主要缺点是抗裂性能不好，原因是药皮氧化性强，使合金元素烧损较多，以及焊接金属含硫量和含氢量较高。

2）碱性焊条。焊条药皮中含有多量碱性氧化物（如氧化钙），同时含有氟化钙的焊条称为碱性焊条，也就是药皮以含碳酸盐和萤石为主的碱性低氢型焊条。

碱性焊条的优点是焊缝中氧含量较少，合金元素很少氧化，焊缝金属合金化效果好。碱性焊条药皮中碱性氧化物较多，所以脱氧、脱硫、脱磷的能力强。此外，药皮中的氟化钙（萤石）有较好的去氢能力，所以焊缝中含氢量低，又称为低氢型焊条。使用碱性焊条，焊缝金属的塑性、韧性和抗裂性都比酸性焊条好。

碱性焊条的主要缺点是焊接工艺性能差，对工件的铁锈、水分、油等敏感，焊接时容易产生气孔。因此，除了焊前要严格烘干焊条并仔细清理焊件坡口外，在施焊时应始终保持短弧操作。碱性焊条电弧稳定性差，不加稳弧剂时只能采用直流电源焊接。在深坡口中焊接脱渣性不好。此外，焊接时产生的有毒气体和烟尘量较多，使用时应注意保持焊接场所通风及除尘良好。

焊条药皮类型见表 3-3。

焊条药皮类型

表 3-3

序号	药皮类型	对应牌号	对应型号	焊接电源
1	特殊型	×××0	E××00	
2	钛型	×××1	E××13	直流或交流
3	钛钙型	×××2	E××03	直流或交流
4	钛铁矿型	×××3	E××01	直流或交流
5	氧化铁型	×××4	E××20	直流或交流
6	纤维素型	×××6	E××10、11	直流或交流
7	代氢钾型	×××6	E××16	直流或交流
8	低氢钠型	×××7	E××15	直流
9	石墨型	×××8	E××13	直流或交流
10	盐基型	×××9	E××13	直流

4. 焊条的分类

焊条按用途大类分类，见表 3-4。

焊条大类的划分

表 3-4

序号	焊条大类	代号	
		汉字	拼音
1	结构钢焊条	结	J
2	钼及铬钼耐热钢焊条	热	R

序号	焊条大类	代号	
		汉字	拼音
3	不锈钢焊条		
	铬不锈钢焊条	铬	G
	铬镍不锈钢焊条	奥	A
4	堆焊焊条	堆	D
5	低温钢焊条	温	W
6	铸铁焊条	铸	Z
7	镍及镍合金焊条	镍	Ni
8	铜及铜合金焊条	铜	T
9	铝及铝合金焊条	铝	L
10	特殊用途焊条	特	TS

注：焊条牌号的标注以拼音为主，如 J422。

5. 焊条的型号

（1）常用焊条型号的表示方法

结构钢焊条以国家标准《非合金钢及细晶粒钢焊条》GB/T 5117—2010、《热强钢焊条》GB/T 5118—2012 为依据，根据熔敷金属力学性能、药皮类型、焊接位置、电流类型、熔敷金属化学成分和焊后状态来编制焊条型号。焊条型号具体表示方法如下：

1）第一部分用字母"E"表示焊条；

2）第二部分为字母"E"后面的紧邻两位数字，表示熔敷金属的最小抗拉强度代号；

3）第三部分为字母"E"后面的第三和第四两位数字，表示药皮类型、焊接位置和电流类型；

4）第四部分为熔敷金属的化学成分分类代号，可为"无标记"或短划"—"后的字母、数字和字母和数字的组合；

5）第五部分为熔敷金属的化学成分代号之后的焊后状态代号，其中"无标记"表示焊态，"P"表示热处理状态，"AP"表示焊态和焊后热处理两种状态均可。

除以上强制分类代号外，根据供需双方协商，可在型号后依次附加可选代号：

① 字母"U"，表示在规定试验温度下，冲击吸收能量可以达到 47J 以上；

② 扩散氢代号"HX"，其中 X 代表 15、10 或 5，分别表示每 100g 熔敷金属中扩散氢含量的最大值（mL）。

（2）型号示例

示例 1：

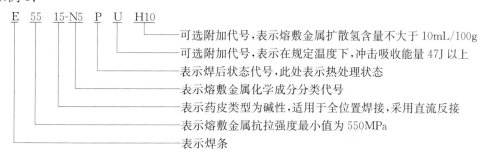

示例 2：

E　43　03

└── 表示药皮类型为钛型，适用于全位置焊接，采用交流或直流正反接

└── 表示熔敷金属拉强度最小值为 430MPa

└── 表示焊条

（3）根据熔敷金属抗拉强度而分的焊条系列（表 3-5）

焊条强度系列　　　　　　　　　　　　　　　　　　表 3-5

系列代号	熔敷金属抗拉强度（MPa）	系列代号	熔敷金属抗拉强度（MPa）
E43 系列	≥430	E70 系列	≥700
E50 系列	≥500	E75 系列	≥750
E55 系列	≥550	E85 系列	≥850
E60 系列	≥600		

（4）常用的 E43 系列、E50 系列焊条药皮类型、焊接位置和焊接电流种类（表 3-6）

碳钢焊条型号的编制方法　　　　　　　　　　　　　表 3-6

焊条型号	药皮类型	焊接位置	电流种类	焊条型号	药皮类型	焊接位置	电流种类
E43 系列—熔敷金属抗拉强度≥420MPa（43kgf/mm²）				E50 系列—熔敷金属抗拉强度≥490MPa（50kgf/mm²）			
E4300	特殊型	平、立、仰、横	交流或直流正、反接	E5001	钛铁矿型	平、立、仰、横	交流或直流正、反接
E4301	钛铁矿型	平、立、仰、横	交流或直流正、反接	E5003	钛钙型	平、立、仰、横	交流或直流正、反接
E4303	钛钙型	平、立、仰、横	交流或直流正、反接	E5010	高纤维素钠型	平、立、仰、横	直流反接
E4310	高纤维素钠型	平、立、仰、横	直流反接	E5011	高纤维素钾型	平、立、仰、横	交流或直流反接
E4311	高纤维素钾型	平、立、仰、横	交流或直流反接	E5014	铁粉钛型	平、立、仰、横	交流或直流正、反接
E4312	高钛钠型	平、立、仰、横	交流或直流正接	E5015	低氢钠型	平、立、仰、横	直流反接
E4312	高钛钾型	平、立、仰、横	交流或直流正、反接	E5016	低氢钾型	平、立、仰、横	交流或直流反接
E4315	低氢钠型	平、立、仰、横	直流反接	E5018	铁粉低氢钾型	平、立、仰、横	交流或直流反接
E4316	低氢钾型	平、立、仰、横	交流或直流反接	E5018M	铁粉低氢型	平、立、仰、横	直流反接
E4320	氧化铁型	平、	交流或直流正、反接	E5023	铁粉钛钙型	平、平角焊	交流或直流正、反接
E4320	氧化铁型	平角焊	交流或直流正接	E5024	铁粉钛型	平、平角焊	交流或直流正、反接
E4322	氧化铁型	平	交流或直流正接	E5027	铁粉氧化铁型	平、平角焊	交流或直流正接
E4323	铁粉钛钙型	平、平角焊	交流或直流正、反接	E5028	铁粉低氢型	平、平角焊	交流或直流反接
E4324	铁粉钛型	平、平角焊	交流或直流正、反接	E5048	铁粉低氢型	平、仰、横、立向下	交流或直流反接
E4327	铁粉氧化铁型	平	交流或直流正、反接				
E4327	铁粉氧化铁型	平角焊	交流或直流正接				
E4328	铁粉低氢型	平、平角焊	交流或直流反接				

注：1. 焊接位置栏中文字含义：平—平焊、立—立焊、仰—仰焊、横—横焊、平角焊—水平角焊、立向下—向下立焊。
　　2. 焊接位置栏中立和仰系指适用于立焊和仰焊的直径不大于 4.0mm 的 E5014、EXX15、EXX16、E5018 和 E5018M 型，焊条及直径不大于 5.0mm 的其他型号焊条。
　　3. E4322 型焊条适宜单道焊。

二、其他焊接焊丝

1. 埋弧焊焊丝

埋弧焊时，焊剂对焊缝金属起保护和冶金处理作用，焊丝主要作为填充金属，同时向焊缝添加合金元素，并参与冶金反应。

（1）低碳钢和低合金钢用焊丝

低碳钢和低合金钢埋弧焊常用焊丝有如下三类。

1）低锰焊丝（如 H08A）：常配合高锰焊剂用于低碳钢及强度较低的低合金钢焊接。

2）中锰焊丝（如 H08MnA，H10MnS）：主要用于低合金钢焊接，也可配合低锰焊剂用于低碳钢焊接。

3）高锰焊丝（如 H10Mn2，H08Mn2Si）：用于低合金钢焊接。

（2）高强钢用焊丝

这类焊丝含 Mn 在 1% 以上，含 Mo 为 0.3% ~ 0.8%，如 H08MnMoA、H08Mn2MoA，用于强度较高的低合金高强钢焊接。此外，根据高强钢的成分及使用性能要求，还可在焊丝中加入 NI、CR、V 及 Re 等元素，提高焊缝性能。抗拉强度 590MPa 级的焊缝金属多采用 Mn-MO 系焊丝，如 H08MnMOA 等。

2. CO_2 焊焊丝

CO_2 是活性气体，具有较强的氧化性，因此 CO_2 焊所用焊丝必须含有较高的 Mn、Si 等脱氧元素。CO_2 焊通常采用 C-Mn-Si 系焊丝，如 H08MnSiA、H08Mn2SiA、H04Mn2SiA 等。CO_2 焊焊丝直径一般是 0.89、1.0、1.2、1.6、2.0mm 等。焊丝直径 ≤1.2mm 属于细丝 CO_2 焊，焊丝直径 ≥1.6mm 属于粗丝 CO_2 焊。

H08Mn2SiA 焊丝是一种广泛应用的 CO_2 焊焊丝，它有较好的工艺性能，适合于焊接 500MPa 级以下的低合金钢。对于强度级别要求更高的钢种，应采用焊丝成分中含有 Mo 元素的 H10MnSiMo 等牌号的焊丝。

3. 电渣焊焊丝

电渣焊适用于中板和厚板焊接。电渣焊焊丝主要起填充金属和合金化的作用。

第四节　焊　接　缺　陷

焊接接头的不完整性称为焊接缺陷，主要有焊接裂纹、未焊透、夹渣、气孔和焊缝外观缺陷等。这些缺陷减少焊缝截面积，降低承载能力，产生应力集中，引起裂纹；降低疲劳强度，易引起焊件破裂导致脆断。

一、裂纹

根据裂纹产生的原因及温度不同，裂纹可分为热裂纹、冷裂纹、再热裂纹、层状撕裂等。

1. 热裂纹

热裂纹是指在焊接过程中，焊缝和热影响区金属冷却到固相线附近的高温区产生的焊接裂纹。

热裂纹较多的贯穿在焊缝表面以及在弧坑中产生的裂纹较多见。宏观见到的热裂纹，其断面有明显氧化色彩。微观观察，焊接热裂纹主要沿晶粒边界分布，属于沿晶界断裂性质。

综合考虑热裂纹产生的原因、裂纹的形态、裂纹产生的温度区间，可将热裂纹分为两类。

（1）结晶裂纹

焊缝金属在结晶过程中，处于固相线附近的范围内，由于凝固金属的收缩、残余液相补充不足，在承受拉力时，致使沿晶界开裂。这种在焊缝金属结晶过程中产生的裂纹称为结晶裂纹。结晶裂纹主要出现在含杂质硫、磷、硅较多的碳钢、单相奥氏体钢、铝及其合金焊缝中。

（2）高温液化裂纹

液化裂纹主要是晶间层出现液相，并由应力作用而产生的。这类裂纹多产生于含铬镍的高强钢、奥氏体钢的热影响区。

产生热裂纹的主要原因是，焊缝金属中含硫量较高，形成硫化铁，硫化铁与铁作用形成低熔点共晶。在焊缝金属凝固过程中，低熔点共晶物被排挤到晶间面形成液态间膜，当受到拉伸应力作用时，液态间膜被拉断而形成热裂纹。

防止热裂纹的措施是控制焊缝中有害杂质含量，特别是硫、磷、碳的含量，也就是控制焊件及焊丝中的硫、磷含量，降低碳含量。选择合适的焊接规范，适当提高焊缝成形系数。采用碱性焊条或焊剂，可有效地控制有害杂质含量。采用多层多道焊可避免产生中心线偏析，收弧时注意填满弧坑等。

2. 冷裂纹

焊接接头冷却到较低温度下（对钢来说在 M_s 温度以下）时产生的焊接裂纹称为冷裂纹。

冷裂纹是一种在焊接低合金高强钢、中碳钢、合金钢时经常产生的一种裂纹。

（1）产生冷裂纹的主要条件

1）淬硬组织（马氏体）减小了金属的塑性储备。

2）接头的残余应力使焊缝受拉。

3）接头内有一定的含氢量。防止冷裂纹的措施主要应从降低扩散氢含量、改善接头组织和降低焊接应力等方面考虑。

（2）防止冷裂纹的具体措施

1）焊前预热和焊后缓冷。预热可降低焊后冷却速度，避免淬硬组织，减小焊接应力。

2）采取减少氢来源的工艺措施。焊条焊剂严格按规范烘干，随用随取。认真清理坡口及其两侧的油污、铁锈、水分及污物等。

3）采用低氢型药皮焊条，提高焊缝金属的抗裂能力。

4）采用合理的焊接工艺。正确选用焊接工艺参数以及后热处理，以改善焊缝及其热影响区的组织和性能，去氢和减小焊接应力。焊后热处理可改善接头组织，消除焊接残余应力。

5）采用合理的装焊顺序，以改变焊件的应力状态等。

3. 再热裂纹

含有铬、钼、铌等沉淀强化元素的低合金高强度钢及珠光体耐热钢，在焊后消除应力热处理等重新加热过程中，在焊接热影响区的粗晶区产生裂纹，故称再热裂纹。再热裂纹也属沿晶界断裂性质。再热裂纹的敏感温度范围在 $550\sim650℃$ 的温度区间。

4. 层状撕裂

焊接时，在厚板焊接结构中沿钢板轧层形成的呈阶梯状的一种裂纹。

二、气孔

气孔是指焊接时，熔池中的气体未在金属凝固前逸出，残存于焊缝之中所形成的空穴。其气体可能是熔池从外界吸收的，也可能是焊接冶金过程中反应生成的。气孔有氢气孔、氮气孔、一氧化碳气孔等。

气孔会减少焊缝受力的有效截面积，降低焊缝的承载能力，破坏焊缝金属的致密性和连续性。

（1）气孔产生的主要原因

1）焊条或焊剂受潮，使用前未按规范烘干，焊条药皮脱落、变质，焊芯或焊丝生锈或有污物。

2）焊接工艺参数不合理，焊接电流小，焊接速度快使熔池存在时间短。焊接电流过大，焊条尾部发红，削弱机械保护作用。电弧电压过高，电弧过长，使熔池失去保护而产生气孔。

3）坡口及其两侧表面存在油污、铁锈和水分等。

4）焊工操作方法不正确，焊条角度不当等使熔池保护不良。

5）气体保护焊时，气体不纯等。

（2）气孔的防止措施

主要从工艺方面和冶金措施方面考虑。

1）工艺措施。主要是消除产生气孔的来源。应严格按规范烘干焊条、焊剂，认真清理焊丝表面油污、铁锈和水分，认真清理坡口及其两侧 $10\sim20mm$ 范围内的油污、铁锈和水分；选用合理的焊接工艺参数，使用短电弧焊，采用正确的操作方法；使用合格的保护气体等。

2）冶金措施。根据焊条药皮的酸碱性，适当控制药皮的氧化性和还原性，以限制氢的溶解和防止产生一氧化碳气孔；适当降低熔渣黏度，有利于气体的逸出。限制母材和焊丝的含碳量，可减少一氧化碳气孔。

三、夹渣

夹渣是指焊后残存在焊缝中的焊渣。

夹渣产生的原因主要有坡口角度小，焊接电流小，熔渣黏度大；焊接速度快；运条不当，熔池和熔池液态金属分离不清；焊接过程中药皮成块脱落于熔池中而未被熔化；多层焊时，层间清渣不彻底等。

在手工钨极氩弧焊时，由于引弧不当或焊接电流过大，使钨极局部熔化而留在金属熔池中形成夹钨缺陷。对于夹钨的防止，也主要应从选择正确的焊接工艺和提高焊工操作技能两方面考虑。

四、未熔合与未焊透

未熔合是指熔焊时焊道与母材之间或焊道与焊道之间，未完全熔化结合的部分，如图 3-21 所示。

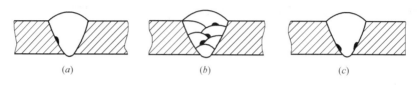

图 3-21 未熔合

(a) 侧壁未熔合；(b) 层间未熔合；(c) 根部未熔合

未焊透是指焊接时接头根部未完全熔透的现象，对对接焊缝也指焊缝深度未到达设计要求的现象，如图 3-22 所示。

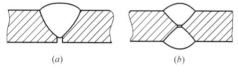

图 3-22 未焊透

(a) 根部未焊透；(b) 中间未焊透

（1）未熔合产生的主要原因：焊接电流过小，焊接速度过快使焊件边缘加热不充分，焊条熔化金属覆盖在上面而形成；产生了弧偏吹现象；母材表面有污物或氧化物影响熔敷金属与母材间的熔化结合等。

（2）未焊透产生的主要原因：焊接电流小，运条速度快；坡口和间隙尺寸不合理，钝边太厚；焊条角度不正确，磁偏吹影响等。

（3）防止未熔合、未焊透措施：正确选用坡口形式和合理的装配间隙；认真清理坡口及两侧污物；选择合理的焊接工艺参数；操作时注意焊条角度；不使用偏心焊条；直流焊接时减少磁偏吹的影响等。

五、形状缺陷

形状缺陷属焊缝外观缺陷，主要表现为焊缝外表形状及尺寸方面的缺陷：高低不平，焊波粗劣，焊缝宽度不齐，焊缝余高过高或过低，角焊缝焊脚高度不符合设计要求等。

（1）产生焊缝尺寸不符合要求的原因：工件坡口角度不当；装配间隙不均匀；焊接电流过大或过小；焊工操作不熟练，运条方法不当，焊条角度不当；埋弧焊时焊接工艺不正确等。

（2）防止形状缺陷的办法：正确选用坡口角度及装配间隙；正确选择焊接电流；提高焊工操作技能；角焊时随时注意保持正确的焊条角度和焊接速度等。

六、其他缺陷

1. 咬边

咬边是指由于焊接参数选择不当，或操作方法不当，沿焊趾的母材部位产生的沟槽或凹陷。

（1）产生咬边的原因：主要是焊接电流过大；运条速度不当；角焊缝的焊条角度不当及电弧长度不当；埋弧焊时焊接速度过高等。

（2）防止咬边的措施：选择适当的焊接电流和焊接速度；角焊缝焊接时应采用合理的焊条角度和保持一定的电弧长度；埋弧焊时要正确选择焊接工艺参数。

2. 凹坑

焊后在焊缝表面或焊缝背面形成的低于母材表面的局部低洼部分，弧坑也是凹坑的一种，是指焊缝结尾处产生的凹陷现象。

（1）凹坑的产生原因：焊工操作技能差，焊接电流过大，焊条摆动不适当及焊接层次安排不合理等。

弧坑主要是由于熄弧过快或薄板焊接时电流过大所致。

（2）防止凹坑的办法：提高焊接操作技术，适当摆动焊条以填满凹坑部分；焊缝结尾时，在收弧处短时停留或作几次环形运条，以继续增加一定量的熔化金属；埋弧焊时应分两次按"停止"按钮或采用引弧板和熄弧板避免弧坑的产生。

3. 下塌和烧穿

下塌是指在单面熔化焊时，由于焊接工艺不当，造成焊缝金属过量透过背面，使焊缝正面塌陷，背面凸起的现象；烧穿是指在焊接过程中，熔化金属自坡口背面流出，形成穿孔的缺陷。

（1）产生下塌与烧穿的主要原因：焊接电流大，焊接速度慢，使焊件过度加热；坡口间隙大，钝边过小；焊工操作技能差等。

（2）防止下塌和烧穿的措施：选择合适的焊接参数及合理的坡口尺寸；提高焊工的操作技能等。

4. 焊瘤

焊瘤是指在焊接过程中，熔化金属流淌到焊缝之外未熔化的母材上所形成的金属瘤。

（1）产生焊瘤的主要原因：焊工操作技能差，运条不当，使用过长的电弧；单面焊时电流过大，钝边小，间隙大，电弧停留时间过长，焊接速度慢等。

（2）防止焊瘤的措施：选择合适的焊接参数和坡口尺寸；提高焊工操作技能；随时注意熔池形状，这在平焊的位置焊接时尤为重要。

七、焊接缺陷的危害

焊接接头质量的优劣，将直接影响到产品结构的安全使用，如果受压容器元件的焊接接头质量低劣，则有可能发生爆炸等恶性事故，造成生命财产的巨大损失。而焊接接头的质量始终与焊接缺陷有关系。

焊缝的咬边、未焊透、气孔、夹渣、裂纹等不仅降低焊缝的有效受力截面，削弱焊缝的承载能力，更严重的是在焊缝及近缝区形成缺口。缺口会导致应力集中，而且使缺口处的受力状态发生改变，降低材料的塑性，极易由此而引发裂纹甚至发生脆断性破坏。

焊接缺陷的危害可归纳为：

（1）引起局部应力集中，降低焊接结构的承载能力。

（2）引起裂纹，缩短焊接结构的使用寿命。

（3）导致焊接结构的脆性断裂和疲劳断裂。

第四章　焊接相关知识

第一节　电工知识

一、电路及有关物理量

电路就是电流所通过的路径。最简单的电路如图 4-1 所示，有电源、负载、导线和开关四个基本部分组成。

（1）电源

电源是将非电能转换成电能并向外提供电能的装置，如发电机、电池等。

直流电源有正、负两个极，分别用符号"＋"、"－"标志，如图 4-2 所示。电源的正极是高电位，负极是低电位。正电荷从电源正极流出，经过负载，流向电源的负极，并从负极流入电源。在电源内部，正电荷从负极流到正极。可见，正电荷在电源外部从高电位流到地电位；在电源内部从低电位的负极流到高电位的正极。因此，电源要做功，将正电荷从低电位推到高电位。电源做功的能力，称为电动势。电动势 E 的方向由负极指向正极，表示电位升高方向。电动势 E 的单位为 V。

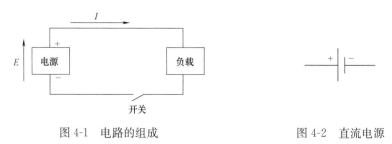

图 4-1　电路的组成　　　　　　图 4-2　直流电源

（2）负载

负载又称用电器，是将电能转化成其他形式的元器件或设备。例如电灯、电炉、电动机等将电能转化成光能、热能、机械能等。

（3）电流

电荷在电路中有规则的移动形成电流。金属导体中的电流是导体内的带电荷的自由电子定向移动形成的。电荷流动的方向不随时间变化的电流称为直流电流。习惯上规定正电荷移动的方向为电流方向。实际上，在金属导体中，规定的电流方向和自由电子移动的方向是相反的。电流大小又称电流强度，简称电流，符号为 I，单位为 A。

（4）电压

要使导体中有持续电流通过，导体两端必须保持一定电位差。电位差通常叫做电压，符号为 U，单位为 V。

电压（电位差）的方向规定为由高电位指向低电位，即表示电位（电压）降低的方向。

负载两端的电压常称为电压降。它的方向是从电流流进负载端指向电流流出负载端，也就是从高电位指向低电位的方向。

（5）电阻

导体对电流的阻力称为导体的电阻，符号为 R，单位为 Ω。常用的电阻单位还有 $M\Omega$、$k\Omega$，它们之间的换算关系是：

$$1M\Omega = 10^6 \Omega \qquad 1k\Omega = 10^3 \Omega$$

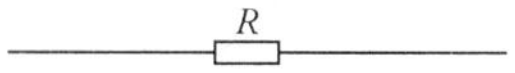

电阻的图形符号如图 4-3 所示。

图 4-3　电阻的图形符号

实验证明：在一定温度下，导体的电阻与导体的长度成正比，与导体横截面积成反比，并与导体的材料性质有关，即

$$R = \rho(l/s)$$

式中　R——电阻（Ω）；

ρ——材料的电阻率（$\Omega \cdot m$）；

l——导体的长度（m）；

s——导体的横截面积（m^2）。

几种常用材料的电阻率见表 4-1。

几种常见材料的电阻率（20℃）（单位：$\Omega \cdot m$）　表 4-1

材料名称	铜	铝	铁	钨	硅	瓷	火漆	硬橡胶
电阻率	1.6×10^{-8}	2.96×10^{-8}	10×10^{-8}	5.3×10^{-8}	636	3×10^{12}	8×10^{13}	1×10^{16}

【例 1】　铜制焊接电缆长 20m，截面积 50mm²。计算它的电阻多大？

【解】　$R = \rho(L/S) = 1.6 \times 10^{-8} \times 20/(50 \times 10^{-6}) = 0.0064\Omega$

由此可见，焊接电缆也有电阻，但电阻是很小的。因此，它的导电性能很好，是导体。有些物体如陶瓷、橡胶、塑料、干燥的木材等，电阻极大，达到几兆欧、几十兆欧以上，几乎不能导电，也就是电流几乎不能通过，这类物体叫做绝缘体。绝缘体也是重要的电工材料。

二、欧姆定律

1. 部分电路欧姆定律

电路中不包含电源只有负载和导线，称为部分电路。

通过电阻的电流与电阻两端的电压成正比，与电阻成反比。这个规律称为部分电路的欧姆定律。即

$$I = U/R$$

式中　I——电流（A）；

U——电压（V）；

R——电阻（Ω）。

【例 2】　一根焊接电缆，电阻为 0.0068Ω，流过的焊接电流为 200A。问这根焊接电缆两端的电压有多大？

【解】 由欧姆定律 $\qquad\qquad I=U/R$

得 $\qquad\qquad U=IR=200\times0.0068=1.36\text{V}$

由此可见，焊接电缆也有电压降，但其数值不大。

2. 全电路欧姆定律

含有电源和负载的闭合电路，称为全电路，如图 4-4 所示。

图 4-4 中点画线部分为电源。

全电路中的电流与电动势成正比，与全电路中全部电阻成反比，这个规律称为全电路欧姆定律。即

$$I=E/(R+R_0)$$

式中 $\quad I$——电流（A）；

$\qquad E$——电源电动势（V）；

$\qquad R$——负载电阻（Ω）；

$\qquad R_0$——电源内电阻（Ω）。

三、电阻的串联与并联

1. 电阻的串联

两个或两个以上电阻依次相连，中间无分支的连接方法叫电阻的串联，如图 4-5 所示。

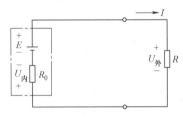

图 4-4　最简单的全电路

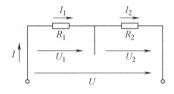

图 4-5　电阻的串联

在图 4-5 的串联电路中

$$U=U_1+U_2=IR_1+IR_2=I(R_1+R_2)=IR$$

式中 $\quad R$——串联电路总电阻。

因此，可得出串联电阻的总电阻等于各个串联电阻之和，即

$$R=R_1+R_2$$

2. 电阻的并联

两个或两个以上电阻接在电路中间相同的两点之间的连接方式叫电阻的并联，如图 4-6 所示。在图 4-6 的并联电路中，

$$I=I_1+I_2$$
$$U=I_1R_1=I_2R_2$$
$$I_1=U/R_1,\ I_2=U/R_2$$
$$U=IR,I=U/R$$

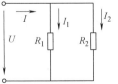

图 4-6　电阻的并联　　则　$\quad U/R=U/R_1+U/R_2=U(1/R_1+1/R_2)$

$$1/R = 1/R_1 + 1/R_2$$

若 $\qquad\qquad R_1 = R_2$ ，则

$$1/R = 1/R_1 + 1/R_2 = 2/R_1$$

$$R = R_1/2$$

由此可见，电阻并联之后总电阻变小了。

四、电流的热效应

电流通过电阻要产生热量，这种现象称为电流的热效应。实验得出，电流通过导体产生的热量，与电流的平方、导体的电阻及通电时间成正比，即

$$Q = I^2 R t$$

式中 $\quad Q$——电流产生的热量（J）；

$\quad I$——电流（A）；

$\quad R$——电阻（Ω）；

$\quad t$——通电时间（s）。

电流产生的热量可用来加热。但另一方面，导线中的电流产生的热量如果太大，也会烧坏导线的绝缘，甚至引起火灾。

五、电功率和电能

1. 电功率

电流通过负载时能够做功，把电能转化为机械能、热能和光能等。电流在单位时间所做的功叫做电功率，简称功率。负载的功率等于负载两端的电压和通过负载的电流的乘积，即

$$P = IU$$

式中 $\quad P$——功率（W）；

$\quad I$——电流（A）；

$\quad U$——电压（V）。

2. 电能

电能是电流在一段时间内所做的功。电流通过负载所做的功，等于负载的功率乘以通电时间，即

$$W = Pt = IUt = I^2 R t$$

式中 $\quad W$——电能（J）；

$\quad P$——功率（W）；

$\quad t$——通电时间（s）；

$\quad I$——电流（A）；

$\quad R$——电阻（Ω）。

在日常生活中，常用 kW·h 作为电能的单位，俗称 1 度电。

$$1\text{kW·h} = 3.6 \times 10^6 \text{J}$$

通常用电设备的容量是指设备的电功率。

六、磁的基本知识

1. 磁性、磁体和磁极

能吸引铁、钴、镍等金属及其合金的性质称为磁性，具有磁性的物体称为磁体，磁体中磁性最强的两端称为磁极。如果让磁体自由转动，在磁体静止后，一个磁极指向地球北极附近，这个磁极称为磁体的北极，以 N 表示；另一个磁极指向地球南极附近，这个磁极称为磁体的南极，以 S 表示。

2. 磁力和磁场

磁体的磁极间存在相互作用力，称为磁力。磁力的作用规律是同极性磁极间相斥，异极性磁极间相吸。

磁极间没有接触而存在着相互作用的磁力，说明磁体周围存在着一种特殊的物质，磁力是通过这种特殊物质实现相互作用的。这种磁体周围有磁力存在的空间叫磁场。它是一种特殊的物质，看不见，摸不着，但磁力作用说明它的存在。

磁场有强弱和方向，可以用磁力线形象地表示出来，如图 4-7 所示。

3. 电流的磁效应

在有电流的导线周围也存在着磁场，这种现象称为电流的磁效应。电流产生的磁场方向可以用右手螺旋定则来判断：

（1）直线电流产生的磁场方向，如图 4-8 所示，右手握住直导线，使大拇指指向电流方向，四指弯曲方向就是磁场方向，符号"⊕"和"⊙"分别表示垂直进入和离开纸面。

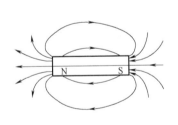

图 4-7 条形磁铁的磁力线

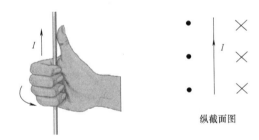

纵截面图

图 4-8 直线电流的磁场方向

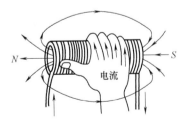

图 4-9 通电线圈的磁场方向

（2）通电线圈的磁场方向，如图 4-9 所示，右手握住线圈，使四指弯曲方向指向电流，大拇指的指向就是磁场方向，即指向 N 极。

4. 电磁力

载流导体在磁场中会受到磁力作用，这种磁力称为电磁力。电动机就是根据载流导线在外磁场中受到电磁力的作用而发生运动的原理制造的，它把电能变换成机械能。

5. 电磁感应

当处于磁场中的导体相对于磁场作切割磁力线的运动时，或穿过线圈的磁通（磁力线数量）发生变化时，在导体或线圈的两端都会产生感应电势。如果导体（导线）或线圈是闭合电路的一部分，那么导体（导线）或线圈中将产生电流。这种现象称为电磁感应。这说明机械能能够转化成电能。

利用电子感应原理，把机械能转换成电能的电气设备称为发电机；反之，利用通电导体在磁场中受到电磁力的作用而产生运动的原理，把电能转化机械能的电气设备称为电动机。

七、交流电

一般把大小和方向随时间作周期性变化的电流、电压、电动势，总称为交流电。通常，交流电按正弦规律变化，称为正弦交流电。正弦交流电在生产、科研和生活中有着极为广泛的用途。因为正弦交流电（交流电动势）由交流发电机产生，交流发电机结构简单，工作可靠，维护方便，造价低廉；交流电便于远距离输送，通过变压器可获得不同等级的交流电压，通过整流装置又可获得直流电。

1. 正弦交流电

正弦交流电的电动势、电压、电流的大小和方向随时间作周期性变化，是按照正弦曲线的规律进行的，如图 4-10（b）所示。

它们的数学表达式为

$$e = E_m \sin(\omega t + \varphi_e)$$
$$u = U_m \sin(\omega t + \varphi_u)$$
$$i = I_m \sin(\omega t + \varphi_i)$$

（1）正弦交流电的基本物理量

正弦交流电的基本物理量有最大值、频率和相位。

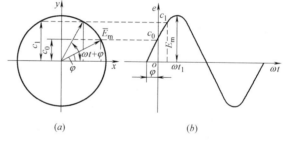

图 4-10　正弦交流电表示法

由于交流电的大小和方向是变化的，因此把交流电在某一瞬间的数值称为瞬时值，分别用 e、u、i 表示。瞬时值中的最大值称为交流电的最大值，分别用大写字母 E_m、U_m、I_m 表示。

交流电完成一次周期性变化所需要的时间，称为周期，用 T 表示，单位 s。交流电在 1s 内完成的周期性变化的次数，称为交流电的频率，用 f 表示，单位 Hz。频率和周期的关系是

$$f = 1/T$$

我国工业生产和生活用的交流电频率是 50Hz，称为工频。交流电在 1s 内变化的角度，称为角频率，又称电角速度，用 ω 表示，单位为 rad/s。正弦交流电完成一次周期变化，相应的角度变化为 2π 弧度；如每秒完成 f 次循环，则相应的角度变化为 $2\pi f$ 弧度，即

$$\omega = 2\pi f$$

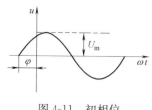

图 4-11　初相位

交流发电机内的矩形线圈在磁场中开始绕轴转动时，线圈平面与中性面之间的夹角 ϕ，叫做正弦交流电的初相角，也叫初相位，简称初相，如图 4-11 所示。

这样，一个正弦量就是由最大值、频率、初相角所确定，最大值、频率、初相角称为正弦交流电的三要素。

（2）有效值

由于正弦交流电的大小、方向时刻都在变化，这就给电路的计算和测量带来困难。在实际应用中，常采用交流电的有效值来表示交流电的大小。交流电的有效值，实际上就是热效应方面同它相同的直流电大小，分别用大写字母 I、U、E 表示。

正弦交流电的最大值与有效值之间有下列关系：

$$U_m=\sqrt{2}U, \ U=U_m/\sqrt{2}=0.707U_m$$

$$E_m=\sqrt{2}E, \ E=E_m/\sqrt{2}=0.707E_m$$

$$I_m=\sqrt{2}I, \ I=I_m/\sqrt{2}=0.707I_m$$

我们所说的交流电流、交流电压、交流电动势数值大小都是指有效值，如电压220V、电流5A等。测量交流电的电流表、电压表所指示的数值是有效值。各种交流电气设备上所标的额定电压和额定电流也是指有效值。

2. 三相交流电

工农业中，普遍使用的是三相交流电，即在同一周期中存在三个正弦交流电势。它是由三相交流发电机产生的。三相交流电由于比单项交流电节省输电线，而且电机体积小、坚固耐用、维修和使用方便、运转时振动小、效率高，因而应用很广泛。

当三相交流电每相电势的最大值相等，频率相同，而相位互差120°（即三分之一周期）时，就叫做对称三相交流电，即常用的三相交流电，如图4-12所示。

（1）三相四线制供电

三相交流发电机的三相绕组的每一绕组有两个端头，三相绕组共有六个端头。在实际应用中，常把三相绕组按一定方式连接起来，如图4-13所示。图4-13所示为星形（Y形）连接。在星形连接中，各组绕组的末端 U_2、V_2、W_2 连接在一起，成为一个公共端点N，此端点叫做中点或零点。从中点引出的输电线叫做中线或零线。中线通常接地，故又称地线。从三相绕组首端引出三根输电线，叫做三相电源的端线或火线。这种由三根端线一根中线组成的供电系统叫做三相四线制。

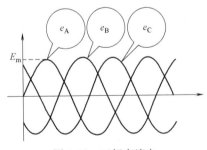

图4-12 三相交流电

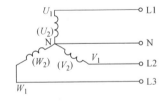

图4-13 三相四线制供电

三相四线制供电可以同时输送两种电压：一种是端线（火线）与中线（零线）之间的电压，称为相电压，即发电机每相绕组的电压，分别用 U_1、U_2、U_3 表示。由于各相绕组电压都相等，也可用总的符号 U_ϕ 表示；另一种是端线与端线之间的电压，称为线电压，分别用 U_{12}、U_{23}、U_{31} 表示，由于各端线间电压相等，也可用总的符号 U_L 表示。

线电压与相电压的关系是

$$U_L=\sqrt{3}U_\phi$$

或 $$U_\phi = U_L/\sqrt{3}$$

通常的 380V 和 220V 两种电压，是从同一个三相电源获取的，380V 是线电压，220V 是相电压。

（2）三相负载的连接

1）星形连接。将三相负载的一端分别接在 I_1、I_2、I_3 端线上，另一端都接在中线 N 上，这样的连接方法称为星形（Y 形）接法，如图 4-14 所示。

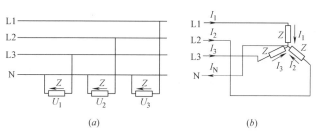

图 4-14　三相负载星形连接

从图 4-14 可见，加在各相负载两端的电压，就是用电源的相电压。流经负载的电流称为相电流，分别用 I_1、I_2、I_3 表示。由于各相电流相等，也可用 I_ϕ 表示。经过端线的电流，称为线电流，分别用 I_1'、I_2'、I_3' 表示。由于各端线的电流相等，也可用 i_L 表示。从图 4-14 可见，线电流等于相电流，即

$$I_L = I_\phi$$

流过中线的电流称为中线电流，用 i_N 表示。根据理论计算，三相对称负载作星形连接时，流过中线的电流等于零，因此中线可以省去。

三相电路中应力求三相负载平衡。若三相负载不对称时，有中线存在，负载的电压保持不变，而中线电流不等于零。当中线断开后，各相负载的电压就不相等了，将会造成用电设备的损坏，使之不能正常工作。所以，规定当三相负载不对称时，中线上不能装熔断器，以免中线断开。

2）三角形连接。

图 4-15 所示为三相负载三角形连接。在负载作三角形连接时，负载的相电压等于线电压，即

$$U_L = U_\phi$$

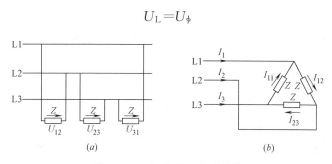

图 4-15　三相负载三角形连接

在三相对称负载中，各相负载的电压大小相等，则各相负载上的相电流大小也相等，即

$$I_{12}=I_{23}=I_{31}=I_\phi$$

相应各端线上的线电流也相等，即

$$I_1=I_2=I_3=I_L$$

根据理论计算，三相负载作三角形连接时，线电流与相电流的关系是

$$I_L=\sqrt{3}I_\phi$$

$$I_\phi=I_L/\sqrt{3}$$

通常所说的三相交流电，如无特殊说明，都是线电流。

三相负载究竟采用哪种接法，要取决于每相负载的额定电压、电源的线电压和相电压的大小。如果每相负载的额定电压等于电源的线电压的 $1/\sqrt{3}$，则负载接成星形；如果每相负载的额定电压等于电源的线电压，则负载应接成三角形。错误接法会引起严重后果。

八、变压器

变压器是把交流电压变成频率相同的不同等级交流电压的一种电器。简单地说，变压器是改变交流电压大小的一种电器。

变压器的构造如图 4-16 所示，它是由铁芯、初级线圈和次级线圈三大件组成。初级线圈也称为初级绕组、一次线圈或一次绕组等；次级线圈也称作次级绕组、二次线圈或二次绕组等。

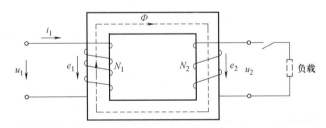

图 4-16 变压器结构示意图

初级线圈接通交流电压后，交流电压便产生交变磁通，通过闭合铁芯构成的磁路，经过次级线圈。利用电磁感应原理，由于次级线圈内有交变磁通，在次级线圈两端产生交变的感应电势。

初级线圈两端的电压称为初级电压或一级电压；次级线圈两端的电压称为次级电压或二次电压。变压器初级电压 U_1 与次级电压 U_2 之比，称为变压比，它等于初级线圈匝数 N_1 与次级线圈匝数 N_2 之比。即

$$U_1/U_2=N_1/N_2=K$$

变压器的变压比表示变压器变压能力的参数。

九、电流表和电压表的使用

电流表和电压表是与焊工有关的常用电工测量仪表。电流表也称安培表，用符号"A"表示；电压表也称伏特表，用符号"V"表示。

1. 电流表的使用

电流表有直流电流表和交流电流表两种，分别用于测量直流电流值和交流电流值。

（1）直流电流表的使用

用直流电流表测量直流电路中的电流值时，须将直流电流表串接在被测电路中。如果直流电流表的量程够用，可以直接把表串接在被测电路中，如图 4-17 (*a*) 所示；如果表的量程不够用，则选择量程够用的带分流器的直流电流表，把分流器串接在被测电路中，电流表与分流器并联，如图 4-17 (*b*) 所示。并联分流器可扩大直流电流表的量程。分流器实际上是一个与电流表并联的低值电阻。一般 50A 以下的直流电流表，其分流器直接装在表内；量程 100A 以上的直流电流表，因分流器较大，因此在外部与表并联。

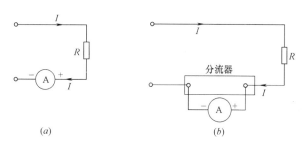

图 4-17　直流电流的测量

直流电流表接线端有正、负两端，接线时应使电流从正端流入，从负端流出。使用电流表和电压表均须选择合适的量程。

焊条电弧焊机中的整流弧焊机和逆变焊机上均有直流电流表，埋弧自动焊机、二氧化碳气体保护焊机和氩弧焊机上都有电流表和电压表。焊工使用电流表和电压表，会读数即可。

（2）交流电流表的使用

用于焊接锅炉、压力容器的交流焊条弧焊机都装有交流电流表，焊工会读数即可。但一般交流焊条弧焊机上没有装交流电流表。焊接一般工件时，焊工调节焊接电流，看焊机上的电流刻度表，经过试焊，觉得电流大小合适即可，不必用电流表测量焊接电流。但在焊接重要产品和操作技能考试进行单面焊双面成形焊接时，焊接工艺规定了焊接电流大小，则需要用电流表来测量电流大小。测量交流电流大小，焊工可使用钳形电流表，如图 4-18 所示。

2. 电压表的使用方法

电压表也有直流电压表和交流电压表两种，分别用于测量直流电压和交流电压。同样，测量前先选择电压表的量程。

测量时，电压表的两个接线端接到被测电压的两端。使用电压表时，表的正端接到被测直流电压的高电位，表的负端接到低电位，如图 4-19 所示。

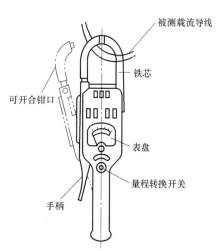

图 4-18　钳形电流表

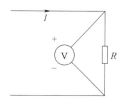

图 4-19　电压的测量

第二节　焊接电弧

焊接电弧是由焊接电源供电的，具有一定电压的电极与工件间气体介质产生的强烈而持久的放电现象。

一、焊接电弧的产生

在两个电极之间的气体介质中，强烈而持久的气体放电现象叫做电弧。也可以说电弧是一种局部气体的导电现象。

在一般情况下，气体是不导电的，要使两极间气体连续的放电，就必须使两极间的气体介质中，能连续不断地产生足够多的带电粒子（电子、正、负离子），同时，在两极间加上足够高的电压，使带电粒子在电场作用下向两极作定向运动。这样，两极间的气体中就能连续不断通过很大的电流，也就形成了连续燃烧的电弧，如图4-20所示。

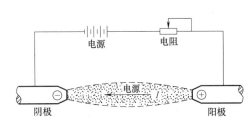

图4-20　气体放电示意图

电极间的带电粒子，可以通过阴极发射电子和极间气体本身的激烈电离两个过程来得到。

当阴极表面吸收了足够的外界能量（如加热阴极和强电场的吸引）后，就能向外发射电子。发射电子所需要的能量称为"逸出功"，不同材料的逸出功是不相同的。

同样，气体分子或原子吸收了足够的外来能量后，也能离解成电子和离子。使气体电离所需的能量叫"电离势"，不同气体电离势也是不一样的。

由上述可知，若要使两极间产生电弧并能稳定燃烧，就必须给阴极和气体一定能量，使阴极产生强烈的电子发射和气体发生剧烈的电离，这样两极间就充满了带电粒子。当两极间加上一定的电压时，气体介质中就能通过很大的电流，也就产生了强烈的电弧放电。

电弧放电时，能产生大量而集中的热量，同时发出强烈的弧光。电弧焊就是利用此热量熔化被焊金属和焊条进行焊接的。

为了产生电弧所必需供给的一定能量是由电焊机供给的。引弧时，首先将焊条与工件接触，使焊接回路短路，接着迅速将焊条提气2～4mm，在焊条提起瞬间，电弧即被引燃。

当焊条与工件短接时，由于接触表面不平整，实际上只有少数几个点真正接触，强大的短路电流从这些点通过，产生了大量的电阻热，使焊条和工件的接触部分温度急剧升高而熔化，甚至部分蒸发。当提起焊条离开工件时，焊机的空载电压立即加在焊条端部与工件之间。这时，阴极表面由于急剧的加热和强电场的吸引，产生了强烈的电子发射，这些电子在电场的作用下，加速移向阳极。此时，焊条与工件间已充满了高热的、易电离的金属蒸汽和焊条药皮产生的气体，当受到具有较大动能的电子撞击和气体分子或原子间的相互热碰撞时，两极间气体迅速电离。在电弧电压作用下，电子和负离子移向阳极，正离子移向阴极。同时，在电极间还不断发生带电粒子的复合，放出大量热能。这种过程不断反复进行，就形成了具有强烈热和光的焊接电弧，如图 4-21 所示。

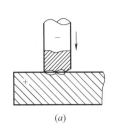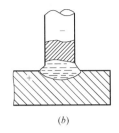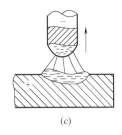

图 4-21　电弧的引燃过程

（a）焊条与工件接触短路；（b）接触处受电阻热作用而熔化；（c）电弧产生

从以上分析可以看出，焊接电弧燃烧过程的实质，就是把电能转化成热能和光能的过程。

二、焊接电弧的静特性

手弧焊时，由实验可以测得，以一定弧长稳定燃烧的电弧，其电弧电压与电弧电流之间的关系如图 4-22 所示。由图中可以看出，电流较小时，由于气体电离程度不够高，电弧的电阻较大，所以电弧电压较高。随着焊接电流增加，气体电离度上升，导电情况改善，电弧电阻减小，所以，电弧电压很快下降。当焊接电流增大到某一值后，电弧电压不再随电流的增大而变化，保持某一数值不变。电弧电压与电流之间的这种关系被叫做电弧的静特性，其曲线就叫做电弧的静特性曲线。

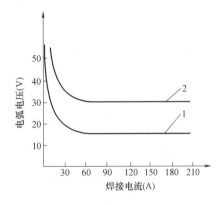

图 4-22　电弧的静特性曲线

1—弧长；$l=2m$；2—弧长；$l=5mm$

当弧长变化时，静特性曲线平行移动。即当电弧长度增加时，电弧电压也增加。在手弧焊应用的电流范围内，可以近似认为电弧电压仅与电弧长度有关，而与电流大小无关。手弧焊时，一般电弧电压在 16～25V 范围内变化，其值与电极材料、大小、气体介质及电弧长度等有关。

从电弧的静特性曲线可知，不同电流时，电弧的电阻（即电弧电压与电流的比值）不是常数，所以，它不符合欧姆定律，故对电源而言，电弧是一个较特殊的非线性电阻负载。为了能使电弧稳定燃烧，需要有一个专用的焊接电源供电。

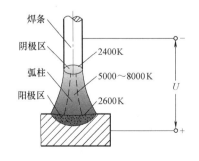

图 4-23　焊接电弧的组成

三、焊接电弧的热量和温度分布

焊接电弧可划分为三个区域：阴极区、阳极区和弧柱区，如图 4-23 所示。靠近阴极很薄一层为阴极区，靠近阳极很薄一层是阳极区，阴极区与阳极区之间为弧柱区，它占电弧长度的绝大部分。整个电弧呈圆锥形。三个区域中所产生的热量和温度的分布是不均匀的。

阴极区热量主要来自正离子碰撞阴极时，由正离子的动能和它与电子复合时释放的位能（电离势）转化而来。阳极区的热量主要来自电子碰撞阳极时，由电子动能和位能（逸出功）转化而来，由于阳极区不发射电子，不消耗发射电子所需的能量，因此，一般情况下，阳极的发热量和温度均较阴极为高。阳极区产生的热量约占总电弧热量的43%，阴极区约占总电弧热量的36%。而两极的温度因受电极材料沸点的限制，故其温度大致在电极材料沸点左右。

然而，当焊条药皮中含有氟化钙较多时（如低氢型焊条），由于氟对电子的亲和力很大，当氟在阴极区夺取电子形成负离子时会放出大量的热，在这种情况下，阴极区的热量和温度将比阳极区高。

弧柱区的热量主要由正离子与电子或负离子复合时，释放出相当于电离势的能量转化而来，所以弧柱区的热量和温度取决于气体介质的电离能力和电流大小。气体介质越容易电离，气体电离时吸收的能量越少，在复合时，放出的能量也就越少，则弧柱中的热量和温度就越低。反之，气体介质越难电离，弧柱中热量和温度就越高。此外，焊接电流越大，弧柱温度也越高。

一般手弧焊，弧柱区放出的热量仅占电弧总热量的21%。但弧柱中心，因散热差，故温度比两极高，约为5000～8000K（K为绝对温度）。

以上所述的是直流电弧的热量和温度分布情况。至于交流电弧，由于电源极性每秒钟变换100次，所以，两极的温度趋于一致，近似为它们的平均值。

从上面讨论可知，电弧作为热源，其特点是温度很高，热量相当集中，因此，金属熔化非常快。使金属熔化的热量主要集中产生于两极；弧柱温度虽高，但大部分的热量散失于周围气体中，对金属熔化并不起主要作用。

手弧焊既可用直流电焊接，也可用交流电焊接。当采用直流电焊接时，直流电焊机正、负两极与焊条、工件有两种不同的接法；将工件接到电焊机正极，焊条接至负极，这种接法叫正接，如图4-24（a）所示。反之，将工件接至负极，称反接，如图2-24（b）所示。可根据焊条性质和焊件所需的热量多少，来选用不同的接法。

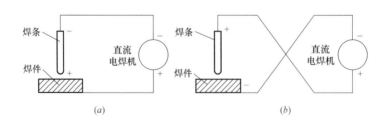

图4-24　用直流电焊接时极性的不同接法
(a) 正接；(b) 反接

当使用碱性焊条（如J507）时，必须采用直流反接才能使电弧稳定。而一般酸性焊条，交、直流均能使电弧稳定，假如使用直流电焊接，则通常采用正接为宜，因为电弧正极的热量较负极为高，工件能得到较大熔深。而在焊接薄板时，为了防止烧穿，可采用反接。

四、影响电弧稳定的因素

实际生产中，焊接电弧可能由于各种原因而发生燃烧不稳定的现在，如电弧经常间断，不能连续燃烧，电弧偏离焊条轴线方向或电弧摇摆不稳等。而焊接电弧能否稳定，直接影响到焊接质量的优劣和焊接过程的正常进行。

影响电弧稳定的因素，除操作技术不熟练外，大致可归纳为以下几个方面：

1. 焊接电源的影响

焊接电源的特性和种类等都会影响电弧的稳定性，焊接电弧需要一个特殊的电源向它供电，才能使电弧稳定燃烧，否则，根本不能产生稳定的电弧。

直流电比交流电稳弧性好。交流电弧稳定性差的原因是：交流电的电流和电压每秒钟有 100 次经过零点，同时改变方向，易造成电弧瞬时熄灭，热量减少，使电子发射和气体电离减弱，引起电弧不稳。直流电不存在上述情况，所以它比交流电稳弧性好。故稳弧性差的碱性焊条必须采用直流电才能进行焊接。

此外，供电网路电压太低，造成焊接电源空载电压过低会减弱阴极发射电子和气体介质的电离，使电弧稳定性下降，甚至造成引弧困难。

同样，焊接电流过小时，也会使电弧不稳。

2. 焊条药皮的影响

药皮中含有易电离的元素如钾、钠、钙和它们的化合物越多，电弧稳定性越好，如含有难电离的物质如氟的化合物越多，电弧稳定性越差。

此外，焊条药皮偏心，熔点过高和焊条保存不好，造成药皮局部脱落等都会造成电弧不稳。

3. 焊接区清洁度和气流的影响

焊接区若油漆、油脂、水分及污物过多时，会影响电弧的稳定性。在风较大的情况下露天作业，或在气流速度大的管道中焊接，气流能把电弧吹偏而拉长，也会降低电弧的稳定性。

4. 磁偏吹的影响

在焊接时，会发生电弧不能保持在焊条轴线方向，而偏向一边，这种现象称为电弧的偏吹。

引起电弧偏吹的原因，除焊条偏心、电弧周围气流影响外，在采用直流电焊接时，还会发生因焊接电流磁场所引起的磁偏吹。磁偏吹使焊工难以掌握电弧对接缝处的集中加热，使焊缝焊偏，严重时会使电弧熄灭。

引起磁偏吹的根本原因是由于电弧周围磁场分布不均匀所致。造成磁场不均匀原因主要有以下几方面：

从图 4-25 中可以看出，焊接电缆接在焊件的一侧，焊接电流只从焊件的一边流过。这样，流过焊件的电流所产生的磁场，与流过电弧和焊条的电流产生的磁场相叠加的结果，使电弧两侧磁场分布不均匀，靠近接线一侧磁力线密集，磁场增强。根据磁场对导体的作用，磁力线密的一侧对电弧的作用大于磁力线稀的一侧，电弧必然偏向磁力线稀的一边。而且电流越大，磁偏吹就越严重。

另外，在靠近直流电弧的地方，有较大的铁磁物质存在时，也会引起电弧两侧磁场分布不均匀，如图 4-26 所示。在有铁磁物质一侧，因为铁磁物质导磁率大，磁力线大多由铁磁物质中经过，因而使该侧空间的磁力线变稀，电弧必然偏向铁磁物质一侧。在焊角焊缝及 V 形坡口对接焊缝时，焊条作横向摆动运条过程中焊条摆向哪一侧，电弧就向哪一侧偏吹，就是由上述原因造成的。

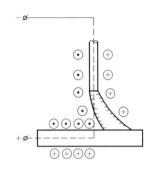
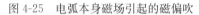
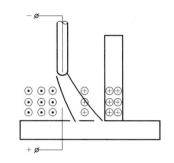

图 4-25　电弧本身磁场引起的磁偏吹　　　　图 4-26　铁磁性物质引起的磁偏吹

　　焊接过程中，可采取短弧、调整焊条倾角（将焊条朝着偏吹方向倾斜）或选择恰当的接线部位等措施来克服磁偏吹。

　　当采用交流电焊接时，由于变化的磁场在导体内产生感应电流，而感应电流所产生的磁力线，削弱了焊接电流所引起的磁场，所以交流电弧的磁偏吹现象要比直流电弧弱得多，不致影响焊接操作。

第三节　弧 焊 电 源

一、对弧焊电源的基本要求

　　弧焊电源就是供电弧焊用的电源。它应能满足焊接工艺要求，如引弧容易、电弧稳定、焊接参数（主要是焊接电流）调节范围宽，而且能在焊接过程中保持稳定不变，飞溅少，焊缝成形好等，此外还要符合焊工安全要求。为此，对弧焊电源的性能有一定基本要求。

1. 合适的电源外特性

　　电源稳态输出电压与输出电流之间的关系曲线，称为电源外特性，也称为电源静特性。为了保证焊接电弧稳定燃烧，正常进行焊接工作，并保证焊接参数稳定，弧焊电源要有合适的外特性。在供用电系统中，为了保证负载正常工作，电源外特性必须与负载特性适应，即能保证电源输出电压等于负载电压。

　　由于各种电弧焊的电弧静特性曲线不同，因此它所要求的电源外特性也不相同。焊条电弧焊、埋弧自动焊和钨极氩弧焊的电弧静特性曲线，一般情况下都是水平特性，要求弧焊电源具有下降的外特性，陡降外特性更好。而 CO_2 气体保护焊和熔化极氩弧焊的电弧静特性曲线是上升的，因此要求具有水平外特性的弧焊电源。

　　为什么下降外特性电源能保证水平静特性电弧稳定燃烧正常工作呢？如图 4-27 所示，下降的电源外特性曲线 1 与水平的电弧静特性曲线 L_0 相交于 A_0 点，电源电压与电弧

（负载）电压相等，供用电系统在 A_0 点工作。如果弧长从 L_0 变短到 L_1，电弧电压降低了，于是电源电压大于负载电压，结果电流增大，下降外特性使电源电压降低，直至电源电压等于电弧电压，即在 A_1 点工作。如果弧长恢复到 L_0，即从 L_1 变长到 L_0，电弧电压增大，于是电源电压小于负载电压，结果电流减小，使电源电压升高，直至电源电压又等于电弧电压，即恢复到 A_0 点工作，总之，这样的供用电系统能稳定工作，保证电弧稳定燃烧。

其次，陡降外特性弧焊电源，在焊接过程中弧长变化时，焊接电流比缓降外特性电源稳定，即电流变化小。如图 4-28 所示，当弧长由 l_1 变到 l_2，缓降外特性电源的焊接电流变化 ΔI_1；陡降外特性电源的焊接电流变化 ΔI_2，显然比缓降外特性电源小。

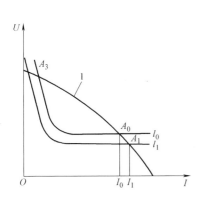

图 4-27　稳定电弧工作条件
1—电源外特性曲线；l_1，l_0—电弧静特性曲线

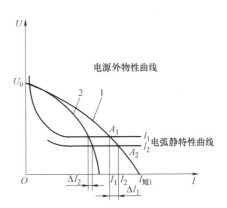

图 4-28　稳定电弧工作条件
1—缓降外特性曲线；2—陡降外特性曲线
l_1，l_2—电弧静特性曲线

此外，下降外特性电源的稳态短路电流 $I_短$，能够符合 $I_短 = (1.25 \sim 2)I_焊$ 的要求。短路电流太小，引弧困难，熔滴过渡困难；短路电流太大，飞溅增大，甚至烧坏电机。

2. 合适的空载电压

焊接电源接通网，输出电流为零，即焊接回路开路时，电源输出的电压称为空载电压。

为了保证电弧容易引燃，保证交流电弧连续稳定燃烧，弧焊电源必须要有较高的空载电压。但空载电压太高对焊工不安全，而且电源的额定容量大，所需的铁心铜线材料多，电源体积大，重量大，不经济。所以，弧焊电源的空载电压要加以限制。

弧焊电源的空载电压通常为：直流电源 55～90V，交流电源 60～80V。焊条电弧焊时空载电压一般为 60～90V。

3. 良好的动特性

熔化极电弧焊时，焊条或焊丝受热熔化，形成熔滴进入熔池的过程中，经常会出现短路，熔滴脱离焊条（焊丝）后，又要立即重新引燃电弧。可见，电弧状态经常发生变化，电弧电压和焊接电流不断地发生瞬间变化。

所谓电源动特性，就是指电弧（负载）状态发生突然变化时，电源输出电流和输出电压对电弧瞬间变化的适应能力，简单地说，电源动特性就是电源适应电弧变化的能力。动特性好，引弧和重新引弧容易，电弧燃烧稳定，熔滴过渡平稳、顺利，飞溅少，焊缝成形良好。

对电源动特性的要求主要是发生熔滴短路时，短路电流不能太小，熔滴脱离焊条后要迅速恢复空载电压等。

4. 良好的调节作用

电弧焊时，需要根据被焊工件的材料、厚度、接头形式、坡口形式和焊接位置等选用不同的焊接电流等参数。因此，弧焊电源必须要有良好的调节特性，要求能在较宽范围内均匀方便地调节，并都能保证电弧稳定、焊缝成形良好等工艺要求。

下降外特性的弧焊电源，电流调节范围通常要求最大焊接电流大于等于额定焊接电流，最小焊接电流要小于等于额定焊接电流的 0.2 倍（钨极氩弧焊电源要求最小焊接电流 $I_{\min}\leqslant 0.1 I_{额}$）。

二、焊条电弧焊电源

焊条电弧焊用的弧焊电源有弧焊变压器、弧焊整流器和弧焊发电机三种。

焊条电弧焊机分为交流弧焊机和直流弧焊机两大类。直流弧焊机又分为整流弧焊机和旋转直流弧焊机两类。

焊条电弧焊用的弧焊变压器可称为交流弧焊机。焊条电弧焊用的弧焊整流器可称为整流弧焊机。旋转直流弧焊机就是直流弧焊发电机。弧焊变压器和弧焊整流器作为弧焊电源。有供焊条电弧焊用的，也有供其他电弧焊用的。

按国家标准《电焊机型号编制方法》GB/T 10249—2010 规定，电焊机型号的编排秩序为：

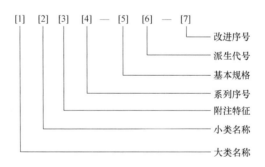

型号中，[1]、[2]、[3]、[6] 各项用汉语拼音字母表示；[4]、[5]、[7] 各项用数字表示；[3]、[4]、[6]、[7] 项如不用时，其他各项排紧。

第 [1] 项表示焊机大类，如 B 表示弧焊变压器，Z 表示弧焊整流器，A 表示弧焊发电机，W 表示钨极氩弧焊机，M 表示埋弧焊机，N 表示熔化极气体保护焊机。

第 [2] 项表示同一大类中又分几个小类的名称。如弧焊电源中，X 表示下降外特性，P 表示水平外特性；电弧焊机中，Z 表示自动焊机，B 表示半自动焊机，S 表示手工焊机。

第 [3] 项附注特征和第 [4] 项系列序号用于区别同小类的各系列和品种，包括通用和专用产品。

第 [5] 项表示基本规格，如各种弧焊电源和电弧焊机中，基本规格均用额定焊接电流表示，单位是 A。

如

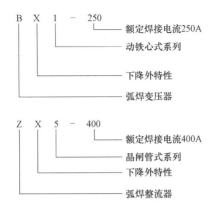

再如

1. 交流弧焊机

（1）交流弧焊机种类

交流弧焊机就是弧焊变压器。它是一种具有下降外特性的降压变压器，并具有调节和指示焊接电流的装置。

弧焊变压器根据获得下降外特性方法不同，可以分为串联电抗式弧焊变压器和增强漏磁式弧焊变压器两类。

串联电抗器式弧焊变压器，是把做成独立的带铁芯的线圈电感（称为电抗器）与正常漏磁式主变压器串联。在交流电路中，电抗器线圈可起电抗降压作用，电流越大，电抗器上降压越大，输出的电压就越小，从而获得下降外特性。

增强漏磁式弧焊变压器，是人为增强变压器的漏磁形成漏磁感抗，通过漏磁获得下降外特性。调节漏磁程度，可改变外特性下降的快慢，从而改变了外特性曲线。增强漏磁式弧焊变压器按增强和调节漏抗的方法不同，又可分为动铁芯式和动圈式等。

（2）交流弧焊机主要技术参数

1）一次电压。即一次线圈电压。这是弧焊机的输入电压，规定了焊机接入网路时对网路电压的要求，一般是 380V。

2）一次电流。即一次线圈电流。这是焊机的输入电流，可根据一次电流（输入电流）选择动力线（一次回路导线）截面积和熔断器（保险丝）的额定电流。

3）空载电压。用于说明焊机性能，交流弧焊机空载电压高，电弧稳定。

4）工作电压。弧焊电源设计计算时设定的有负载时的电压。

5）负载持续率。焊接设备铭牌中都标有负载持续率。负载持续率是用来表示焊接设备工作状态的参数，它是在选定的工作时间周期内允许焊接设备连续负载的时间。

众所周知，焊接设备工作时会发热，温升过高会把焊接设备的线包绝缘烧毁（一般焊接设备的温度不得超过 60～80℃）。温升与焊接电流大小有关，同时也与焊机使用状态有关，连续运转与断续使用时温升情况不一样。

负载持续率计算方法如下：

$$负载持续率 = \frac{在选定的工作时间内负载的时间}{选定的工作时间周期} \times 100\%$$

对于 500A 以下的焊条电弧焊用弧焊电源，工作时间周期为 5 分钟。对于自动焊或半自动焊用的弧焊电源，工作周期可以是 10 分钟、20 分钟或连续。

表 4-2 和表 4-3 给出了交流弧焊机 BX3—300 的负载持续率和硅整流弧焊机 ZXG—300 的负载持续率及相应的工作电流。

BX3—300 交流弧焊机负载持续率　　　　表 4-2

负载持续率(%)	焊接电流(A)
100	230
60	300

ZXG—300 硅整流弧焊机负载持续率　　　　表 4-3

负载持续率(%)	焊接电流(A)
100	232
60	300

6）额定焊接电流。弧焊电源在额定负载持续率工作条件下允许使用的最大焊接电流，称为额定电流。负载持续率越大，即在规定的工作周期中焊接的时间越长，则焊机许用电流越小。

7）电流调节范围。这是说明焊机的性能的，供选用焊接使用。

（3）交流弧焊机的正确使用和维护保养

1）焊机的安装与检修由电工负责。新电焊机或长期停用的电焊机在安装前要检查电焊机的绝缘电阻。

2）必须将电焊机平稳地安放在通风良好、干燥的地方，不准靠近高热以及易燃易爆危险的环境。室外使用的电焊机必须有防雨雪的防护措施，防止电焊机受潮。电焊机的工作环境应与焊机技术说明书上的规定相符。

3）电网电压必须与电焊机输入电压相等。

4）根据额定输入电流（初级电流）选择电焊机的电源开关、熔断器和动力线（一次电压线）截面。

5）电焊机机壳必须接地或接零。

6）经常检查和保持焊接电缆与焊机接线柱的接触良好，注意拧紧，不得松动。

7）电焊线不能放在焊件上，以防合闸时发生短路，烧坏焊机。焊接时不得长时间短路。

8）应按照焊机的额定焊接电流和负载持续率来使用，不得超负荷使用，以防止过载烧坏焊机和发生火灾。

9）焊机发生故障时，应立即将焊机的电源切断，报告有关部门及时检查和维修。

10）工作完毕或是临时离开场地，必须及时切断焊机的电源。

11）电焊机必须经常保持清洁，经常擦拭机壳，定期用干燥的压缩空气清除机内灰尘。

12）每半年应进行一次电焊机维护保养。

2. 整流弧焊机

将交流电变为直流电的弧焊电源，称为弧焊整流器，用作焊条电弧焊机时，又称整流弧焊机。弧焊整流器主要有硅弧焊整流器、晶闸管（可控硅）弧焊整流器和逆变弧焊整流器三大类。

整流弧焊机的使用和维护保养与交流弧焊机基本相同，比交流弧焊机更要注意防止受到碰撞或剧烈振动。整流弧焊机是直流焊机，因此输出端有正极（＋）与负极（－）之分。注意正确使用直流正接和直流反接，以达到理想的焊接效果。

3. 旋转直流弧焊机

旋转直流弧焊机就是焊条电弧焊用直流弧焊发电机，过去常用的是电动机驱动弧焊发电机。它虽然用于焊条电弧焊时性能不错，电弧稳定，但体积大，笨重，噪声大，效率低，电能消耗大，所以逐渐被淘汰。对于柴油机、汽油机等内燃机驱动的弧焊发电机，可用于野外无电源场所。

第二部分

操作技能

第五章 焊 前 准 备

第一节 坡 口 准 备

一、焊接接头坡口形状、尺寸和标记方法

在第三章中，我们对坡口的作用和形式作了初步的介绍，这里我们主要对不同焊接方式下焊接前，对坡口的具体要求进行描述。

在现行国家标准《钢结构焊接规范》GB/T 50661—2011 中，对钢结构各种焊接方法及接头坡口形状、尺寸代号和标记作出了下列规定。

（1）焊接方法及焊透种类代号见表 5-1。

焊接方法及焊透种类代号   表 5-1

代号	焊接方法	焊透种类
MC	焊条电弧焊	完全焊透
MP		部分焊透
GC	气体保护电弧焊 自保护电弧焊	完全焊透
GP		部分焊透
SC	埋弧焊	完全焊透
SP		部分焊透
SL	电渣焊	完全焊透

（2）单、双面焊接及衬垫种类代号见表 5-2。

单、双面焊接及衬垫种类代号   表 5-2

反面衬垫种类		单、双面焊接	
代号	使用材料	代号	单、双焊接面规定
BS	钢衬垫	1	单面焊接
BF	其他材料的衬垫	2	双面焊接

（3）坡口各部分尺寸代号见表 5-3。

坡口各部分的尺寸代号   表 5-3

代号	代表的坡口各部分尺寸
t	接缝部位的板厚(mm)
b	坡口根部间隙或部件间隙(mm)
h	坡口深度(mm)
p	坡口钝边(mm)
α	坡口角度(°)

（4）焊接接头坡口形状和尺寸的标记应符合下列规定：

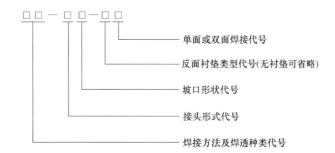

标记示例：

焊条电弧焊、完全焊透、对接、Ⅰ形坡口、背面加钢衬垫的单面焊接接头表示为 MC-BⅠ-Bs1。

（5）焊条电弧焊全焊透坡口形状和尺寸宜符合表5-4的要求。

（6）气体保护焊、自保护焊全焊透坡口形状和尺寸宜符合表5-5的要求。

（7）埋弧焊全焊透坡口形状和尺寸宜符合表5-6要求。

（8）焊条电弧焊部分焊透坡口形状和尺寸宜符合表5-7的要求。

（9）气体保护焊、自保护焊部分焊透坡口形状和尺寸宜符合表5-8的要求。

（10）埋弧焊部分焊透坡口形状和尺寸宜符合表5-9的要求。

焊条电弧焊全焊透坡口形状和尺寸

表 5-4

序号	标记	坡口形状示意图	板厚(mm)	焊接位置	坡口尺寸 (mm)	备注
1	MC-BI-2 MC-TI-2 MC-CI-2		3～6	FHVO	$b=\dfrac{t}{2}$	清根
2	MC-BI-B1 MC-CI-B1		3～6	FHVO	$b=t$	

序号	标记	坡口形状示意图	板厚(mm)	焊接位置	坡口尺寸(mm)		备注
3	MC-BV-2 MC-CV-2		≥6	FHVO	$b=0\sim3$ $p=0\sim3$ $\alpha_1=60°$		清根
4	MC-BV-B1		≥6	F,H,V,O	b	a_1	
					6	45°	
				F,VO	10	30°	
					13	20°	
					$p=0\sim2$		
	MC-CV-B1		≥12	F,H,V,O	b	a_1	
					6	45°	
				F,VO	10	30°	
					13	20°	
					$p=0\sim2$		
5	MC-BL-2 MC-TL-2 MC-CL-2		≥6	FHVO	$b=0\sim3$ $p=0\sim3$ $\alpha_1=45°$		清根
6	MC-BL-B1		≥6	FHVO			
				F,H,V,O (F,V,O)	b	α_1	
					6	45°	
					(10)	(30°)	
					$p=0\sim2$		

序号	标记	坡口形状示意图	板厚(mm)	焊接位置	坡口尺寸(mm)	备注
6	MC-CL-B1		≥6	F、H、V、O (F、V、O)	$p=0\sim2$	
7	MC-BX-2		≥16	FHVO	$b=0\sim3$ $H_1=\dfrac{2}{3}(t-p)$ $p=0\sim3$ $H_2=\dfrac{1}{3}(t-p)$ $\alpha_1=60°$ $\alpha_2=60°$	清根
8	MC-BK-2 MC-TK-2 MC-CK-2		≥16	FHVO	$b=0\sim3$ $H_1=\dfrac{2}{3}(t-p)$ $p=0\sim3$ $H_2=\dfrac{1}{3}(t-p)$ $\alpha_1=45°$ $\alpha_2=60°$	清根

气体保护焊、自保护焊全焊透坡口形状和尺寸 表 5-5

序号	标记	坡口形状示意图	板厚(mm)	焊接位置	坡口尺寸(mm)	备注
1	GC-BI-2 GC-TI-2 GC-CI-2		3~8	FHVO	$b=0\sim3$	清根

序号	标记	坡口形状示意图	板厚(mm)	焊接位置	坡口尺寸(mm)	备注
2	GC-BI-B1 GC-CI-B1		6～10	FHVO	$b=t$	
3	GC-BV-2 GC-CV-2		≥6	FHVO	$b=0～3$ $p=0～3$ $\alpha_1=60°$	清根
4	GC-BV-B1 GC-CV-B1		≥6 ≥12	FVO	b a_1 6 $45°$ 10 $30°$ $p=0～2$	
5	GC-BL-2 GC-TL-2 GC-CL-2		≥6	FHVO	$b=0～3$ $p=0～3$ $\alpha_1=45°$	清根

序号	标记	坡口形状示意图	板厚(mm)	焊接位置	坡口尺寸 (mm)		备注
6	GC-BL-B1 GC-TL-B1 GC-CL-B1		≥6	F,H V,O (F)	b：6 ; a_1：45° (10) ; (30°) $p=0\sim2$		
7	GC-BX-2		≥16	FHVO	$b=0\sim3$ $H_1=\dfrac{2}{3}(t-p)$ $p=0\sim3$ $H_2=\dfrac{1}{3}(t-p)$ $\alpha_1=60°$ $\alpha_2=60°$		清根
8	GC-BK-2 GC-TK-2 GC-CK-2		≥16	FHVO	$b=0\sim3$ $H_1=\dfrac{2}{3}(t-p)$ $p=0\sim3$ $H_2=\dfrac{1}{3}(t-p)$ $\alpha_1=45°$ $\alpha_2=60°$		

序号	标记	坡口形状示意图	板厚(mm)	焊接位置	坡口尺寸(mm)	备注
1	SC-BI-2		6～12	F	$b=0$	清根
	SC-TI-2		6～10	F		
	SC-CI-2					
2	SC-BI-B1		6～10	F	$b=t$	
	SC-CI-B1					
3	SC-BV-2		≥12	F	$b=0$ $H_1=t-p$ $p=6$ $\alpha_1=60°$	清根
	SC-CV-2		≥10	F	$b=0$ $p=6$ $\alpha_1=60°$	清根
4	SC-BV-B1		≥10	F	$b=8$ $H_1=t-p$ $p=2$ $\alpha_1=30°$	
	SC-CV-B1					
5	SC-BL-2		≥12	F	$b=0$ $H_1=t-p$ $p=6$ $\alpha_1=55°$	清根
			≥10	H		

序号	标记	坡口形状示意图	板厚(mm)	焊接位置	坡口尺寸(mm)		备注
5	SC-TL-2		≥8	F	$b=0$ $H_1=t-p$ $p=6$ $\alpha_1=60°$		清根
	SC-CL-2		≥8	F	$b=0$ $H_1=t-p$ $p=6$ $\alpha_1=55°$		
6	SC-BL-B1		≥10	F	b	α_1	
	SC-TL-B1				6 10	45° 30°	
	SC-CL-B1				$p=2$		
7	SC-BX-2		≥20	F	$b=0$ $H_1=\dfrac{2}{3}(t-p)$ $p=6$ $H_2=\dfrac{1}{3}(t-p)$ $\alpha_1=60°$ $\alpha_2=60°$		清根
8	SC-BK-2		≥20	F	$b=0$ $H_1=\dfrac{2}{3}(t-p)$ $p=5$ $H_2=\dfrac{1}{3}(t-p)$ $\alpha_1=55°$ $\alpha_2=60°$		清根
			≥12	H			
	SC-TK-2		≥20	F	$b=0$ $H_1=\dfrac{2}{3}(t-p)$ $p=5$ $H_2=\dfrac{1}{3}(t-p)$ $\alpha_1=60°$ $\alpha_2=60°$		清根

序号	标记	坡口形状示意图	板厚(mm)	焊接位置	坡口尺寸(mm)	备注
8	SC-CK-2		≥20	F	$b=0$ $H_1=\dfrac{2}{3}(t-p)$ $p=5$ $H_2=\dfrac{1}{3}(t-p)$ $\alpha_1=55°$ $\alpha_2=60°$	清根

焊条电弧焊部分焊透坡口形状和尺寸　　　　　　　　　　　表 5-7

序号	标记	坡口形状示意图	板厚(mm)	焊接位置	坡口尺寸(mm)	备注
1	MP-BI-1 MP-CI-1		3～6	FHVO	$b=0$	
2	MP-BI-2		3～6	FHVO	$b=0$	
	MP-CI-2		6～10	FHVO	$b=0$	
3	MP-BV-1 MP-BV-2 MP-CV-1 MP-CV-2		≥6	FHVO	$b=0$ $H_1 \geqslant 2\sqrt{t}$ $p=t-H_1$ $\alpha_1=60°$	

序号	标记	坡口形状示意图	板厚(mm)	焊接位置	坡口尺寸（mm）	备注
4	MP-BL-1 MP-BL-2 MP-CL-1 MP-CL-2		≥6	FHVO	$b=0$ $H_1 \geqslant 2\sqrt{t}$ $p=t-H_1$ $\alpha_1=45°$	
5	MP-TL-1 MP-TL-2		≥10	FHVO	$b=10$ $H_1 \geqslant 2\sqrt{t}$ $p=t-H_1$ $\alpha_1=45°$	
6	MP-BX-2		≥25	FHVO	$b=0$ $H_1 2\sqrt{t}$ $p=t-H_1-H_2$ $H_2 \geqslant 2\sqrt{t}$ $\alpha_1=60°$ $\alpha_2=60°$	
7	MP-BK-2 MP-TK-2 MP-CK-2		≥25	FHVO	$b=0$ $H_1 \geqslant 2\sqrt{t}$ $p=t-H_1-H_2$ $H_2 \geqslant 2\sqrt{t}$ $\alpha_1=45°$ $\alpha_2=45°$	

气体保护焊、自保护焊部分焊透坡口形状和尺寸　　　表 5-8

序号	标记	坡口形状示意图	板厚(mm)	焊接位置	坡口尺寸(mm)	备注
1	GP-BI-1 GP-CI-1	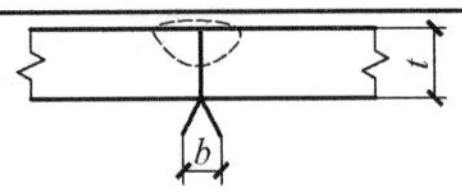	3～10	FHVO	$b=0$	
2	GP-BI-2 GP-CI-2		3～10 10～12	FHVO	$b=0$	
3	GP-BV-1 GP-BV-2 GP-CV-1 GP-CV-2	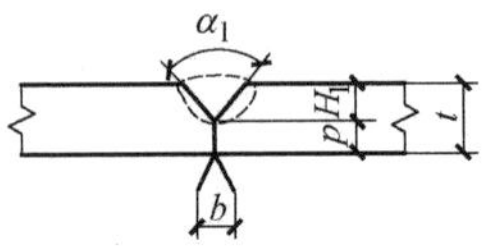	≥6	FHVO	$b=0$ $H_1 \geqslant 2\sqrt{t}$ $p=t-H_1$ $\alpha_1=60°$	
4	GP-BL-1 GP-BL-2 GP-CL-1 GP-CL-2		≥6 6～24	FHVO	$b=0$ $H_1 \geqslant 2\sqrt{t}$ $p=t-H_1$ $\alpha_1=45°$	

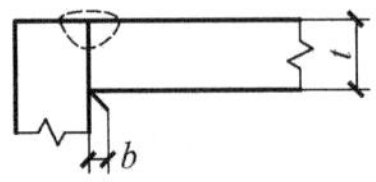

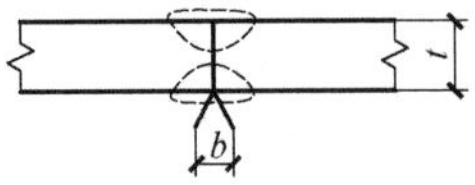

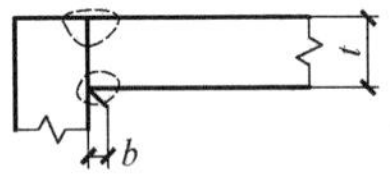

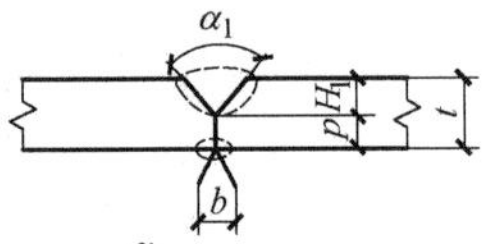

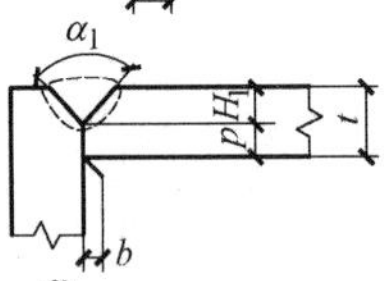

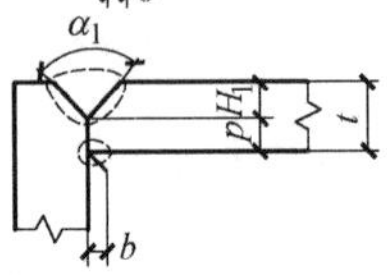

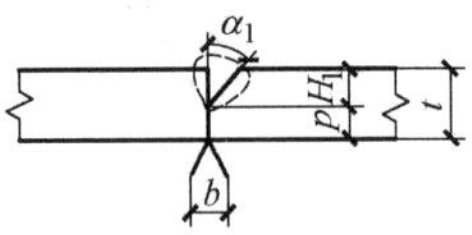

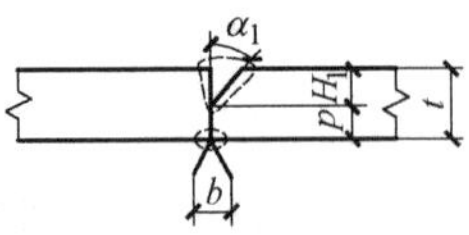

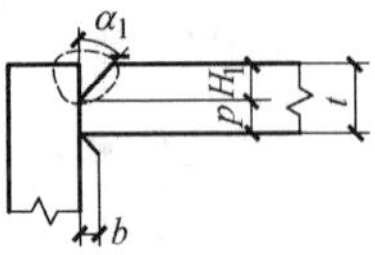

104

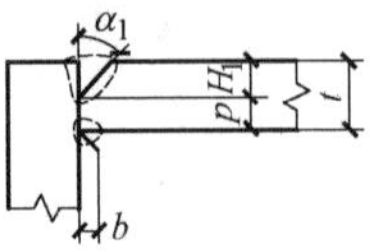

序号	标记	坡口形状示意图	板厚(mm)	焊接位置	坡口尺寸(mm)	备注
5	GP-TL-1 GP-TL-2		$\geqslant 10$	FHVO	$b=0$ $H_1 \geqslant 2\sqrt{t}$ $p=t-H_1$ $\alpha_1=45°$	
6	GP-BX-2		$\geqslant 25$	FHVO	$b=0$ $H_1 \geqslant 2\sqrt{t}$ $p=t-H_1-H_2$ $H_2 \geqslant 2\sqrt{t}$ $\alpha_1=60°$ $\alpha_2=60°$	
7	GP-BK-2 GP-TK-2 GP-CK-2		$\geqslant 25$	FHVO	$b=0$ $H_1 \geqslant 2\sqrt{t}$ $p=t-H_1+H_2$ $H_2 \geqslant 2\sqrt{t}$ $\alpha_1=45°$ $\alpha_2=45°$	

埋弧焊部分焊透坡口形状和尺寸　　　　　　表 5-9

序号	标记	坡口形状示意图	板厚(mm)	焊接位置	坡口尺寸(mm)	备注
1	SP-BI-1 SP-CI-1		6～12	F	$b=0$	
2	SP-BI-2 SP-CI-2		6～20	F	$b=0$	

序号	标记	坡口形状示意图	板厚(mm)	焊接位置	坡口尺寸 (mm)	备注
3	SP-BV-1 SP-BV-2 SP-CV-1 SP-CV-2		$\geqslant14$	F	$b=0$ $H_1\geqslant2\sqrt{t}$ $p=t-H_1$ $\alpha_1=60°$	
4	SP-BL-1 SP-BL-2 SP-CL-1 SP-CL-2		$\geqslant14$	FH	$b=0$ $H_1\geqslant2\sqrt{t}$ $p=t-H_1$ $\alpha_1=60°$	
5	SP-TL-1 SP-TL-2		$\geqslant14$	FH	$b=0$ $H_1\geqslant2\sqrt{t}$ $p=t-H_1$ $\alpha_1=60°$	
6	SP-BX-2		$\geqslant25$	F	$b=0$ $H_1\geqslant2\sqrt{t}$ $p=t-H_1-H_2$ $H_2\geqslant2\sqrt{t}$ $\alpha_1=60°$ $\alpha_2=60°$	

序号	标记	坡口形状示意图	板厚(mm)	焊接位置	坡口尺寸（mm）	备注
7	SP-BK-2		≥25	FH	$b=0$ $H_1 \geqslant 2\sqrt{t}$ $p=t-H_1-H_2$ $H_2 \geqslant 2\sqrt{t}$ $\alpha_1=60°$ $\alpha_2=60°$	
	SP-TK-2					
	SP-CK-2					

二、坡口的清理

坡口清理的目的主要是清除坡口表面上的油污、水分、铁锈及其他污物和有害杂质，防止产生气孔、裂纹、夹渣、未焊透等焊接缺陷，保证焊接质量。

坡口清理的方法有机械方法和化学方法，一般将坡口表面及两侧 10mm（焊条电弧焊）或 20mm（埋弧焊、气体保护焊）范围内的污物清理干净，露出金属光泽。

三、坡口的制备

坡口的加工方法，应根据焊件的尺寸、形状与本厂的加工条件综合考虑进行选择，目前工厂中常用以下几种方法：

1. 剪切

不开坡口的较薄钢板可用剪床剪边。此法生产率高，加工方便，剪切后板边即能符合焊接要求。但不能加工有角度的坡口。

2. 氧气切割

氧气切割是一种使用很广的坡口加工方法，它可以加工任何角度的 V 形、X 形坡口，但不能加工 U 形坡口。手工气割较简易，但坡口边缘不够平整，尺寸不太正确，生产率低，一般用于小件或小批生产。成批生产可采用半自动和自动切割。为了提高切割效率可在切割机上装置两把或三把割炬，一次进行 V 形和 X 形坡口的切割。

3. 刨边

用刨床或刨边机对直边可加工出任何形式的坡口。这种方法加工的坡口尺寸较精确。

4. 车削

用于管子的坡口加工。

5. 碳弧气刨

利用碳弧气刨加工坡口和清根。

四、焊接前预热及焊后热处理

1. 焊前预热

重要构件的焊接、合金钢的焊接及厚部件的焊接，都要求在焊前必须预热。焊前预热的主要作用如下：

（1）预热能减缓焊后的冷却速度，有利于焊缝金属中扩散氢的逸出，避免产生氢致裂纹。同时也减少焊缝及热影响区的淬硬程度，提高了焊接接头的抗裂性。

（2）预热可降低焊接应力。均匀地局部预热或整体预热，可以减少焊接区域被焊工件之间的温度差（也称为温度梯度）。这样，一方面降低了焊接应力，另一方面降低了焊接应变速率，有利于避免产生焊接裂纹。

（3）预热可以降低焊接结构的拘束度，对降低角接接头的拘束度尤为明显，随着预热温度的提高，裂纹发生率下降。

预热温度和层间温度的选择不仅与钢材和焊条的化学成分有关，还与焊接结构的刚性、焊接方法、环境温度等有关，应综合考虑这些因素后确定。另外，预热温度在钢材板厚方向的均匀性和在焊缝区域的均匀性，对降低焊接应力有着重要的影响。局部预热的宽度，应根据被焊工件的拘束度情况而定，一般应为焊缝区周围各三倍壁厚，且不得少于150~200mm。如果预热不均匀，不但不减少焊接应力，反而会出现增大焊接应力的情况。

对于普通低合金高强度钢，以 16Mn 为例，其碳当量为 $0.32\% \sim 0.47\%$，焊接性一般，焊接前一般不必预热。但是对于厚度大、刚性大的结构在低温环境下焊接时，需要预热，见表 5-10 所示。

不同环境温度下焊接 16Mn 钢的预热温度　　　　　　　　　　表 5-10

板厚（mm）	不同气温下的预热温度
16 以下	不低于−10℃不预热，−10℃以下预热 100~150℃
16~24	不低于−5℃不预热，−5℃以下预热 100~150℃
25~40	不低于0℃不预热，0℃以下预热 100~150℃
40 以上	均预热 100~150℃

2. 焊后热处理

焊后热处理的目的有三个：消氢、消除焊接应力、改善焊缝组织的综合性能。

（1）焊后消氢处理。是指在焊接完成以后，焊缝尚未冷却至 100℃ 以下时，进行的低温热处理。一般规范为加热到 200~350℃，保温 2~6h。焊后消氢处理的主要作用是加快焊缝及热影响区中氢的逸出，对于防止低合金钢焊接时产生焊接裂纹的效果极为显著。

（2）消除焊接应力。在焊接过程中，由于加热和冷却的不均匀性，以及构件本身产生拘束或外加拘束，在焊接工作结束后，在构件中总会产生焊接应力。焊接应力在构件中的存在，会降低焊接接头区的实际承载能力，产生塑性变形，严重时，还会导致构件的破坏。

消除应力热处理是使焊好的工件在高温状态下，其屈服强度下降，来达到松弛焊接应力的目的。常用的方法有两种：一是整体高温回火，即把焊件整体放入加热炉内，缓慢加热到一定温度，然后保温一段时间，最后在空气中或炉内冷却。用这种方法可以消除 80%～90% 的焊接应力。另一种方法是局部高温回火，即只对焊缝及其附近区域进行加热，然后缓慢冷却，降低焊接应力的峰值，使应力分布比较平缓，起到部分消除焊接应力的目的。

（3）改善焊缝组织。有些合金钢材料在焊接以后，其焊接接头会出现淬硬组织，使材料的机械性能变坏。此外，这种淬硬组织在焊接应力及氢的作用下，可能导致接头的破坏。如果经过热处理以后，接头的金相组织得到改善，提高了焊接接头的塑性、韧性，从而改善了焊接接头的综合机械性能。

第二节　焊接材料的准备

一、焊条电弧焊焊接材料的准备

1. 碳钢焊条的选用原则

（1）基本等强度原则

一般碳钢和某些低合金高强度钢，一般是按焊缝和母材等强度的原则选用焊条，但应注意以下问题：

1）一般钢材是按钢材的屈服强度来确定等级，而碳钢焊条是按熔敷金属抗拉强度最小值来确定强度等级，这是应该注意的。如常用的低碳钢 Q235，其屈服强度为 235MPa，抗拉强度为 420MPa 左右，焊接时一般选用 E43 型焊条，该焊条熔敷金属抗拉强度最小值为 420MPa；普通低合金高强度钢 Q345（16Mn），其屈服强度为 345MPa，抗拉强度为 520MPa 左右，焊接时一般选用 E50 型焊条，该焊条熔敷金属抗拉强度最小值为 490MPa。

2）对于强度等级较低的钢材，基本上是按等强度原则。但对于等级较高、焊接结构刚性大、受力复杂的工件，选用焊条时，还应考虑焊缝的塑性，往往可选用比母材抗拉强度低一级的焊条。

（2）酸性焊条和碱性焊条的选用

在焊条的抗拉强度等级确定以后，决定选用酸性焊条还是碱性焊条时，应考虑以下几方面的因素：

1）当接头坡口表面难以清除干净时，应选用对铁锈、水分、油污等不敏感的酸性焊条。

2）在容器内部或通风较差的条件下。应尽量选用析出有害气体少的酸性焊条。

3）当焊件承受振动载荷或冲击载荷时，应选用塑性和韧性较好的碱性焊条。

4）当母材中碳、硫、磷等元素含量较高，而且焊件形状复杂、结构刚性大、厚度大时，应选用抗裂性能好的碱性焊条。

5）重要的焊接结构、焊接性较差的材料应选用碱性焊条。

6）在酸性焊条和碱性焊条均能满足性能要求的前提下，应尽量选用用工艺性能较好的酸性焊条。

（3）其他

焊接部位为空间任意位置时，必须选用能进行全位置焊接的焊条；对于要求高生产率的焊接时，可选用高效率的铁粉焊条等。

2. 常用碳钢焊条的选用

牌号为 Q235、10、15、20 号钢、20g、20R 的低碳钢焊接时，可选用 E4303、E4315、E4316 焊条；牌号为 45 号钢的中碳钢，可选用 E5015、E5016 焊条。

3. 焊条的储存和保管

焊条是易受潮变质的材料，所以应注意储存和保管。

（1）焊条必须在干燥、通风良好的室内仓库中存放，焊条储存库内不允许放置有害气体和腐蚀性介质，室内应保持整洁。

（2）焊条应存放在架子上，架子离地面距离的高度应不小于 300mm，离墙壁距离不小于 300mm。室内应放置去湿机，严防焊条受潮。

（3）焊条堆放时应按种类、牌号、批次、规格、入库时间分类堆放，每垛应有明确标志，避免混乱。

（4）焊条在供给使用单位之后，至少在 6 个月之内能保持继续使用，焊条的发放应做到先入库的先使用。

（5）特种焊条储存与保管制度，应严于一般焊条，并应将它堆放在专用仓库或指定区域内，受潮或包装损坏的焊条未经处理不许入库。

（6）对于受潮、药皮变色、焊芯有锈迹的焊条须经烘干后进行质量评定，各项性能指标满足要求时方可入库。

（7）一般焊条一次出库量不超过半天的用量，已经出库的焊条焊工必须保管好。

（8）焊条储存库内，应设置温度计、湿度计，低氢型焊条室内温度不低于 5℃，相对湿度低于 60%。

（9）存放 1 年以上的焊条，在发放前应重新做各种性能试验，符合要求时方可使用。

4. 焊条的烘干

焊条在使用前应进行烘干，目的是去除药皮中的水分，防止产生气孔和冷裂纹。焊条烘干应注意的问题是：

（1）酸性焊条烘干温度为 75～150℃，保温 1～2 小时；碱性焊条烘干温度为 350～450℃，保温时间 2 小时。烘干的焊条应放在 100℃ 左右的保温箱或保温筒内，随取随用。

（2）低氢型焊条一般在常温下放置时间超过 4 小时时，应重新烘干，但不能多次反复烘干，以免药皮变质，累计烘干次数不宜超过两次。

（3）烘干焊条时，禁止将焊条突然放进高温炉内，或从高温炉中突然取出冷却，防止焊条因骤冷、骤热而产生药皮开裂脱皮现象。

（4）烘干焊条时，焊条不应成垛或成捆地堆放，应铺放成层状，每层焊条堆放不能太厚，一般为 1～3 层，避免焊条烘干时受热不均和潮气不易排出。

（5）焊条烘干时应做好记录，记录上应有牌号、批号、温度、时间等内容。

二、埋弧焊焊接材料的准备

1. 埋弧焊接材料的匹配原则

（1）焊丝

1）对于碳素钢和普通低合金钢，应保证焊缝的力学性能。

2）对于铬钼钢和不锈耐酸钢等合金钢，应尽可能保证焊缝的化学成分与焊件近似。

3）对于碳素钢与普通低合金钢或不同强度级别的不同低合金钢之间的异种钢焊接接头，一般可按强度比较低的钢材选用抗裂性较好的焊接材料。

（2）焊剂

1）采用高锰高硅焊剂与低锰（H08A）或含锰（H08MnA）焊丝相配，常用于低碳钢和普低钢的焊接。

2）采用低锰或无锰高硅焊剂与高锰焊丝配合，也可用于低碳钢和普低钢的焊接。

3）强度级别较高的低合金钢要选用中锰中硅型焊剂。

4）低温钢、耐热钢、耐蚀钢等要选用中硅型或低硅型焊剂。

5）铁素体、奥氏体等高合金钢，一般选用碱度较高的熔炼焊剂及烧结焊剂，以降低合金元素烧损及渗入合金。

低碳钢埋弧焊常选用 HJ431 焊剂和 H08A 焊丝匹配。16Mn 钢埋弧焊常选用 HJ431 焊剂和 H08MnA 或 H10Mn2 焊丝匹配常用结构钢钢材的焊接材料可按表 5-11 的规定选配。

2. 焊剂的烘干

埋弧焊焊剂在使用前应按焊剂说明书规定的参数进行烘干。熔炼焊剂的烘干温度通常在 $250\sim300℃$，烘焙 2 小时；烧结焊剂通常在 $300\sim400℃$，烘焙 2 小时。

典型钢材的焊接材料匹配推荐表　　　　　表 5-11

母　材					焊　接　材　料			
GB/T 700 和 GB/T 1591 标准钢材	GB/T 19879 标准钢材	GB/T 714 标准钢材	GB/T 4171 和 GB/T 4172 标准钢材	GB/T 7659 标准钢材	焊条电弧焊 SMAW	实心焊丝 气体保护焊 GMAW	药芯焊丝 气体保护焊 FCAW	埋弧焊 SAW
Q215	—	—	—	ZG200-400H ZG230-450H	GB/T 5117：E43XX	GB/T 8110 ER49-X	GB/T 17493：E43XTX-X	GB/T 5293 F4XX-H08A
Q235 Q275	Q235GJ	Q235q	Q235N Q295NH Q295GNH	ZG275-485H	GB/T 5117：E43XX E50XX GB/T 5118：E50XX-X	GB/T 8110 ER49-X ER50-X	GB/T 17493：E43XTX-X E50XTX-X	GB/T 5293：F4XX-H08A；GB/T12470；F48XX-H08MnA
Q345 Q390	Q345GJ Q390GJ	Q345q Q370q	Q355NH Q345GNH Q345GNHL Q390GNH	—	GB/T 5117：E5015、16 GB/T5118：E5015、16-X E5515、16-X[a]	GB/T 8110 ER50-X * ER55-X	GB/T 17493：E50XTX-X	GB/T 12470：F48XX- H08MnA F48XX-H10Mn2 F48XX-H10Mn2A
Q420	Q420GJ	Q420q	—	—	GB/T 5118：E5515、16-X E6015、16-X[b]	GB/T8110 ER55-X ER62 -X[b]	GB/T 17493：E55XTX-X	GB/T 12470：F55XX-H10Mn2A F55XX-H08 MnMoA
Q460	Q460GJ	—	Q460NH	—	GB/T5118：E5515、16-X E6015、16-X	GB/T8110 ER55-X	GB/T17493：E55XTX-X E60XTX-X	GB/T 12470：F55XX-H08 MnMoA F55XX-H08 Mn2MoVA

第六章　焊　　接

第一节　焊条电弧焊操作技术

一、基本操作

焊条电弧焊时，引弧、运条及收尾是最基本的操作，这些基本操作方法很多，焊工之间彼此也不完全相同，不易硬性规定，现仅介绍常用的一些操作方法供参考。

1. 引弧

焊接开始首先要引弧。引弧时必须将焊条末端与焊件表面接触形成短路，然后迅速将焊条向上提起2～4mm的距离，此时电弧即引燃。引弧方法有两种：碰击法和擦划法，如图6-1所示。

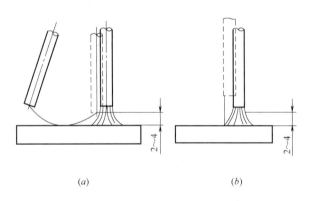

(a)   *(b)*

图 6-1　引弧方法
(a) 擦划引弧法；*(b)* 碰击引弧法

碰击法引弧是将焊条垂直的接触焊件表面，当形成短路后，立即将焊条提起。擦划法引弧与划火柴动作相似，让焊条端部在焊件表面轻轻擦过，而引起电弧。

这两种方法应根据具体情况灵活应用。擦划法引弧较容易掌握，但这种方法使用不当时，会擦伤焊件表面。为了尽量减少焊件表面的损伤，应在坡口内擦划，擦划长度以20～25mm为宜。在狭窄的地方焊接和焊件表面不允许有擦伤时，可采用碰击法引弧。但碰击法引弧较难掌握，如动作太快，焊条提得太高，电弧易熄灭，如动作太慢会发生焊条粘在工件上。当发生粘焊条时，应迅速左右摆动焊条，使与焊件脱离，如不能脱离，应迅速松开焊把切断电流，以免短路过久而损坏焊机。

在引弧时，钢板比较凉，焊条药皮还没有充分发挥作用，会使起点处焊缝较高而熔深浅，并易产生气孔，所以通常在焊缝起点后面10mm处引弧（图6-2），引燃电弧后拉长电弧，迅速移至焊缝起点进行预热，预热后再将电弧压短（酸性焊条的弧长约等于焊条直径，碱性焊条应为焊条直径的一半左右），进行正常焊接。这种引弧方法即使在引弧处产生气孔，也能在电弧第二次经过时将这部分金属重新熔化，使气孔消除，并且不留引弧伤痕，为了保证焊缝起点处能够焊透，可作适当的横向摆动，并在坡口根部两侧稍加停顿，以形成一定大小的熔池。

2. 运条

电弧引燃以后，就进入正常的焊接过程，此时焊条的运动是三个方向运动的合成，如图 6-3 所示。

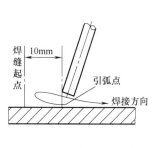

图 6-2　引弧点的选择

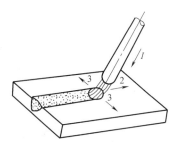

图 6-3　运条的基本动作

（1）随着焊条不断被电弧熔化，为保持一定的弧长，必须使焊条沿其中心线向下送进（图 6-3 中的 1），且送进的速度要与焊条的熔化速度相等。否则会引起电弧长度的变化，影响焊缝的熔宽和熔深。

（2）焊接时焊条还应沿着接缝方向移动，用以形成焊缝（图 6-3 中的 2）。移动速度，即焊接速度，应根据焊缝尺寸的要求、焊条直径、焊接电流、工件厚薄、接缝装配情况和焊接位置等来决定。如移动速度过快，则焊缝熔深就浅，易造成未焊透或未熔合。如移动速度过慢，会使焊缝过高，工件过热，变形增大或烧穿。

（3）横向摆动焊条（图 6-3 中 3），主要是为了增加焊缝的宽度。如果焊条只作直线移动，而无横向摆动，焊缝宽度一般为焊条直径的 1～1.5 倍。焊条横向摆动，不仅可以使焊缝的宽度达到要求，而且还可用来控制电弧对工件各部位的加热程度，以获得合乎要求的焊缝成形。同时还有利于熔池中熔渣和气体的浮出。

在实际生产中，焊工创造了许多运条方法，表 6-1 是焊条电弧焊常用的运条方法。

一般常用的有锯齿形和月牙形，焊条末端作锯齿形或月牙形连续摆动，并在焊缝两侧稍停片刻。这种方法多用于较厚钢板的平、仰和立焊的对接缝以及填角焊缝的焊接。环形法多用于焊接薄板和多层焊的底层焊缝。欲使焊道两边多添加金属或加大熔深可采用 8 字形法，常用于多层焊的最后的覆盖层。斜锯齿形多用于横焊。三角形法多用于立焊缝，其特点是一次能焊较厚的焊缝截面。此外，在焊多层焊的底层焊缝时，还常采用纵向直线往复摆动。

在焊接时，根据不同的接缝位置、接头形式、工件厚度等，保持正确的焊条角度和灵活应用运条的动作，分清熔渣与铁水，控制熔池的形状与大小，才能焊出符合预想要求的焊缝。

根据焊工的经验，在酸性焊条焊接时，熔渣是一层高出铁水约 2～3mm 的成黑白两色不断混合翻腾的黏液，下面呈亮白色微微波动的就是铁水。掌握好焊条角度和运条动作，使熔渣盖住熔池约 2/3 左右［图 6-4（a）］，同时使熔渣的前沿与熔池的交接点 A-A′ 间的距离约等于我们所要求的焊缝宽度，并使熔池前部中央 B 点始终处于接缝的中间。这样才能焊出宽度一致、焊波整齐美观、不偏的焊缝。

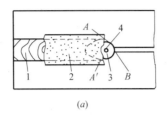 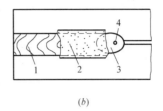

（a）　　　　　　　　　　　　（b）

图 6-4　熔渣覆盖熔池的情况

（a）用酸性焊条焊接时；（b）用碱性焊条焊接时

1—焊缝；2—熔渣；3—熔池；4—焊条位置

　　酸性焊条焊接时氧化还原反应强烈，使熔池铁水不断波动，这是正常现象，说明铁水中气体能充分排除。铁水不波动，说明铁水中气体不易排出，焊后往往在焊缝内部有气孔。

　　碱性焊条焊接时，可以看到其熔渣是一层约 1mm 厚的呈黑红色、不太翻腾的黏液，并很快就凝固，下面呈亮白色的是铁水。焊接时应使熔渣盖住熔池约 2/5 左右［图 6-4（b）］。熔池铁水较平静，这是正常现象。如不平静，说明是焊条不干或工件表明赃物太多或电弧太长所致，这样焊缝容易出现气孔。

焊条电弧焊常用运条方法　　　　　　　　　　　表 6-1

运条方法	轨迹	特点	适用范围
直线形	→	仅沿焊接方向作直线移动，在焊缝横向上不作任何摆动，熔深大，焊道窄	适用于不开坡口对接平焊多层焊打底及多层多道焊
往复直线形		焊条末端沿焊接方向作来回直线摆动，焊道窄、散热快	适用于薄板焊接和接头间隙较大的多层焊第一层焊缝
锯齿形		焊条末端在焊接过程中呈锯齿形摆动，使焊缝增宽	适用于较厚钢板的焊接，如平焊、立焊、仰焊位置的对接及角接
月牙形		焊条末端在焊接过程中作月牙形摆动，使焊缝宽度及余高增加	同上，尤其适用于盖面焊
三角形		焊接过程中，焊条末端呈三角形摆动	正三角形适用于开坡口立焊和填角焊，而斜三角形适用于平焊、仰焊位置的角焊缝和开坡口横焊
环形		焊接过程中，焊条末端作圆环形运动。图示的下侧拉量略高	正环形适用于厚板平焊，而斜环形适用于平焊、仰焊位置的角焊缝和开坡口横焊
8字形		焊条末端作 8 字形运动，使焊缝增宽，焊缝纹波美观	适用于厚板对接的盖面焊缝

3. 焊缝的连接与收尾

焊条电弧焊时，由于受到焊条长度的限制，经常要用几根焊条才能完成一条焊缝，因而出现了焊缝前后两端的连接问题。如何使两焊道均匀连接，避免产生连接处过高、脱节和宽窄不一致等缺陷，就要求在焊接过程中前后相互照顾，选择恰当的连接方法。

焊缝的连接方法，一般有以下三种：

（1）当焊缝采用如图 6-5（a）所示的顺序进行焊接时，则在前段焊缝收尾时，减小焊条与工件夹角，把弧坑里的熔渣向后赶一赶，或者用另一根焊条的夹持端将弧坑里尚未凝固的熔渣迅速扒去，形成一个弧坑。随后立即在弧坑前引弧，并略微拉长电弧，预热连接处，然后引回弧坑，等填满弧坑后再向前焊接。换焊条的动作要快，不要使弧坑过分冷却，因为在热态下连接，可以使连接处外形美观。

（2）在反向焊接时〔图 6-5（b）〕，则要求在焊前段焊缝时，起焊处焊条要移动得快些，使焊缝的起焊处略为低一些。而在焊后段焊缝时，应在前段焊缝起焊处前面引弧，再拉至前段起焊处进行焊接。

（3）当采用如图 6-5（c）所示分段退焊时，同样要求前端焊缝起焊处略低些，使连接处焊缝高低、宽窄均匀。

焊缝连接处如操作不当，极易造成气孔、夹渣以及外形不良等缺陷，因此在焊接过程中尽量不要拉断电弧。

当焊缝焊完时，应有一个收尾动作。收尾时，如果立即拉断电弧，则会形成低于焊件表面的弧坑（图 6-6），过深的弧坑会降低焊缝收尾处的强度，极易引起弧坑裂纹。碱性焊条焊接时，由于收尾动作不当，还可能在收尾出产生一个大气泡。

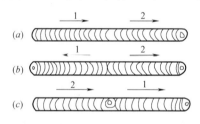

图 6-5　焊缝连接形式

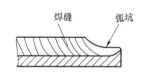

图 6-6　不正确收尾的弧坑

一般收尾动作有如下几种：

（1）画圈收尾法（图 6-7）。电弧在焊缝收尾处作圆周运动画圈，直到填满弧坑时再拉断电弧。此法适用于厚板焊接，对于薄板则有烧穿的危险。

（2）反复断弧收尾法。在焊缝收尾处，在较短时间内，反复熄灭和点燃电弧数次，直到弧坑填满。此法在薄板焊接、大电流焊接和多层焊的底层焊时用得较多，这样不易烧穿。但碱性焊条时不宜采用，因为容易产生尾部气孔。

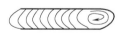

图 6-7　画圈收尾法

（3）后移收尾法（图 6-8）。电弧在焊缝收尾处停住，同时改变焊条的方向，由位置 1 转为 2，等填满弧坑后，再稍稍后移至位置 3，然后慢慢拉断电弧，此法对碱性焊条较为适宜。

二、各种位置焊缝的焊接技术

无论在何种焊接位置施焊，最关键的是能控制住焊接熔池的形状和大小。熔池形状和尺寸主要与熔池温度分布有关，而熔池的温度分布又直接受电弧的热量输入影响。因此，通过调整焊条的倾斜角度以及前述三个运条基本动作的相互配合，就可以调整熔池的温度分布，从而达到控制熔池形状和大小的目的。

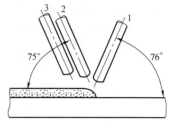

图 6-8　后移收尾法

（1）平焊

1）基本特点。焊缝处于水平位置。焊接时，熔滴主要靠自重自然过渡。操作容易，便于观察，可以使用较大直径焊条和较高的焊接电流，生产率高，容易获得优质焊缝。因此，应尽可能使焊件处在平焊位置焊接。

2）操作要领，见表 6-2。

平焊位置焊条电弧焊操作技术

表 6-2

接头形式		示意图	操作要点
对接接头	不开坡口	熔深　熔宽　δ　间隙　90°　60°～75°	①适用 $\delta<6mm$ ②正面焊缝，用 $\phi3.2\sim\phi4mm$ 焊条，短弧焊；焊条角度见左图，运条为直线移动，其移动速度决定于间隙大小和所需的熔宽和熔深，一般要求熔深达 $2/3\delta$，熔宽 $5\sim8mm$，余高 $<1.5mm$ ③反面封底焊缝，对不重要焊件，可不铲焊根，但必须将熔渣清除干净。用 $\phi3.2\sim\phi4mm$ 焊条，电流可稍大，直线运条，速度稍快，使熔宽小些
	开坡口	多层焊　3　2　1　4	①适于 $\delta\geqslant6mm$，常用坡口形、双 V 形、U 形、双 U 形等 ②正面第一层打底焊缝用直径较小焊条（一般为 $\phi3.2\sim\phi4mm$）运条方法应视间隙大小而选，小间隙时用直线形运条，间隙较大的用直线往返运条以免烧穿。焊第二层前，第一层焊渣清除干净，后用较大直径焊条，较高焊接电流施焊，用短弧焊，以直线形，幅度较小的月牙形或锯齿形运条，必须在坡口两侧稍作停留 ③以后各层焊接方向相反，焊缝的接头应相互错开
		多层及逆焊　9　8　7　6　5　2　1　4　3　12　11　10	① $\delta\geqslant10mm$ 时 ②先大致确定层数和每层的道数，每层焊缝不宜过厚。第一层用较小直径焊条，直线运条施焊，焊后清渣 ③焊第二层时，与多层焊相似，用较大直径焊条和较大电流施焊，但同一层内多道焊缝并列，故用直线运条 ④对双 V 或 U 形坡口，为了减小角度，正反面焊缝可以对称交替焊，如按左图所示序号施焊

接头形式	示意图	操作要点
T形头	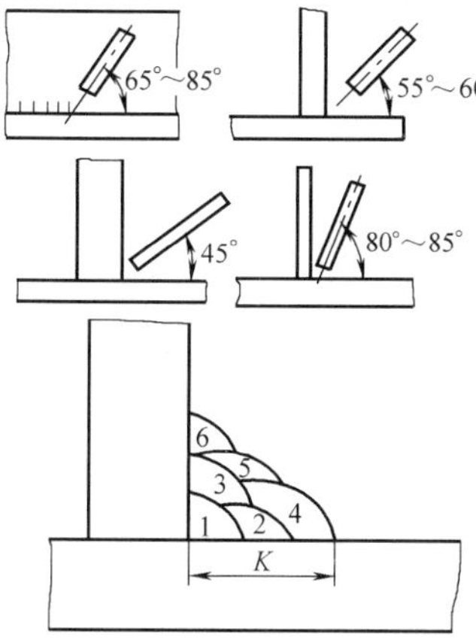	①根据两板的厚度调节焊条的倾角,当板厚不同时,须使电弧偏向厚板的一侧,以使两板温度均匀。见左图所示角度 ②单层焊时(K<8mm 时常采用),焊条直径按钢板厚度在3~5mm 范围内选用;K<5mm 时,用直线形运条短弧焊。K=5~8mm 时,可用斜锯圆形或反锯齿形法运条。立板侧运条速度比平板侧稍快否则产生咬边和夹渣。收尾时,一定要填满弧坑 ③多层焊(K≥8mm)时,第一层用φ3.2~φ4mm 焊条,焊接电流稍大些,以获得较大熔深,直线运条。清渣后焊第二层,可用φ4mm 焊条。电流不宜过大,否则易咬边,用斜圆圈形或反锯齿形运条,进行多道焊时,第二道焊缝应覆盖第一层焊缝的 2/3 以上,排列如左图
角接头	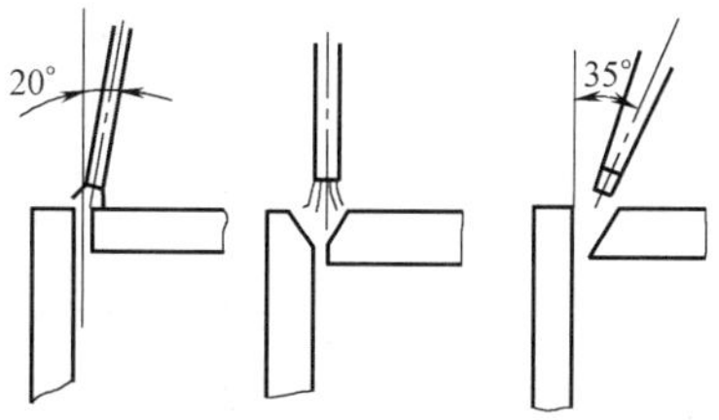	①I 形坡口焊接技术与对接头不开坡口相似,但焊条应指向立板侧 ②V 形坡口焊接技术与对接 V 形坡口相似 ③半边 V 形坡口焊则焊条指向立板侧
搭接接头	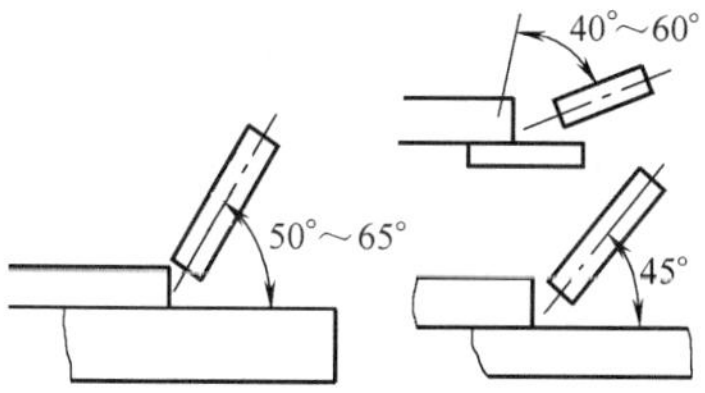	为了使搭接两板温度均衡,焊条应偏指厚板一侧,其余操作同 T 形接头
角焊缝船形位置焊	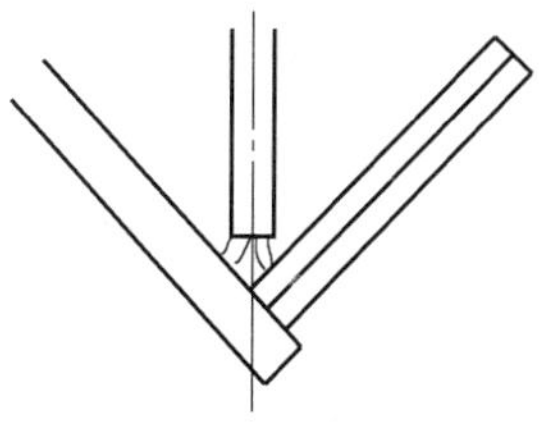	把焊件上的角焊缝处在船形焊位置施焊,可避免产生咬边、下垂等缺陷。操作方便,焊缝成形美观,可用大直径焊条。大焊接电流,一次能焊成较大断面的焊缝,大大提高生产率。同开 V 形坡口对接接头平焊方法焊接

(2) 立焊

1) 基本特点。立焊是对在垂直平面上垂直方向的焊缝的焊接。立焊时,由于熔渣和熔化金属受重力作用容易下淌,使焊缝成形困难。有两种立焊方式,一种是由下而上施焊,即立向上焊法,是生产中应用最广的操作方法,因为易掌握焊透情况。另一种是由上向下施焊,即立向下焊法,此法要求有专用的立向下焊的焊条施焊才能保证成形。这里介绍立向上焊。

2) 操作要点,为了防止熔化金属流淌可采取以下措施:

① 确定好焊条的角度。对接接头立焊时,焊条与焊件的角度,左右方向各 90°,指向

117

上与焊缝轴线成 60°～80°；T 形接头角焊缝立焊时，焊条与两板之间各为 45°，指向上与焊缝轴线成 60°～90°，如图 6-9 所示。

②用较小直径的焊条和较小的焊接电流，大约比一般平焊小，以减小熔滴体积，使之少受重力的影响，有利于熔滴过渡。

③采用短弧焊，缩短熔滴过渡到熔池的距离，以形成短路过渡。

④根据接头形式、坡口特点和熔池温度的情况、灵活运用运条方法。此外，充分利用焊接过程引起气体吹力、电磁力和表面张力等促进熔滴顺利过渡。

三种形式焊接接头和主焊方法：

①不开坡口对接接头立焊。常用于薄板焊接。除采取上述措施外，可以适当采用跳弧法、灭弧法或摆动幅度较小的锯齿形法及月牙形法运条。

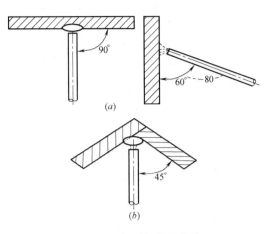

图 6-9　立焊时焊条的角度
(a) 对接接头对缝立焊；(b) T 形接头角缝立焊

跳弧法（图 6-10）是熔滴脱离焊条末端过渡到熔池后，立即将电弧向焊接方向提起，使熔化金属有凝固机会，随后即把电弧拉回熔池，当新的熔滴过渡到熔池后，再提起电弧。为了不使空气侵入熔池，电弧移开熔池的距离尽可能短，且跳弧的最大弧长不超过 6mm。直线跳弧法是焊条只沿间隙不作任何横向摆动，直线向上跳弧施焊，如图 6-10 (a) 所示。月牙形跳弧法或锯齿形跳弧法是在作月牙形或锯齿形摆动的基础上作跳弧焊的方法 [见图 6-10 (b)、(c)]。

灭弧法是当熔滴从焊条末端过渡到熔池后，立即将电弧熄灭，使熔池金属有瞬时凝固机会，随后重新在弧坑引燃电弧，按此交错地进行。灭弧时间长短以不产生烧穿和焊瘤来灵活掌握。灭弧法多用于焊缝收尾时的焊法。焊接反面封底焊缝时，由于间隙较小，可以适当增大焊接电流以获较大熔深。

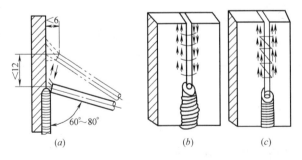

图 6-10　不开坡口对接立焊跳弧法
(a) 直线跳弧法；(b) 月牙形跳弧法；(c) 锯齿形跳弧法

②开坡口对接接头立焊。钢板厚度大于 6mm 时，为了焊透，常开坡口多层焊，层数由板厚决定。焊正面第一层是关键，应用 φ3.2mm 焊条。运条方法，厚板可用小三角形

运条法在每个转角处稍作停留；中等厚板或稍薄的板，采用小月牙形或跳弧运条法（图6-11）。最好的焊缝成形是两侧熔合，焊缝表面较平坦，且焊后要彻底清渣，否则焊第二层时易未焊透或产生夹渣等缺陷。焊第二层以上的焊缝宜用锯齿形运条法，焊条直径不大于4mm。后一层运条速度要均匀一致，电弧在两侧要短且稍微停留。

③ T形接头立焊。最容易产生根部未焊透和焊缝两侧咬边。因此，施焊时注意焊条角度（见图6-9）和运条方法，图6-12所示为常用的几种运条方法，电弧尽可能短摆幅不大于所要求的焊脚尺寸，摆至两侧时稍为停留，以防止咬边和未熔合。

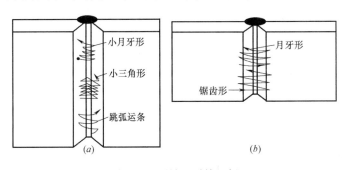

图 6-11　开坡口对接立焊
（a）正面第一层焊缝；（b）第二层以外焊缝

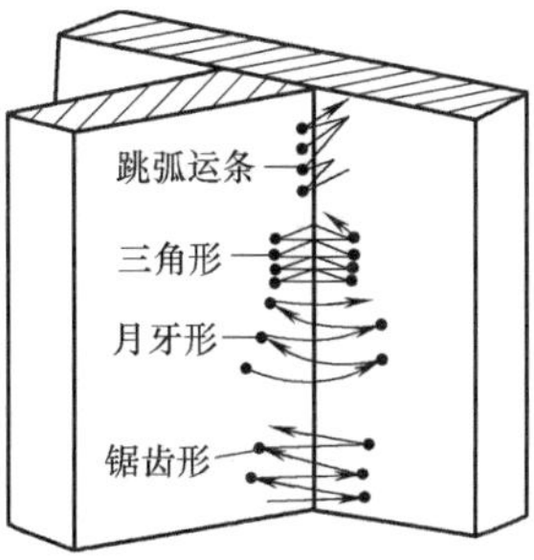

图 6-12　T形接头立焊运条法

（3）横焊

焊接在垂直平面上水平方向的焊缝为横焊。焊接时，由于熔化金属受重力作用容易下淌而产生咬边、焊瘤及未焊透等缺陷。因此，应采用短弧焊、小直径焊条、适当焊接电流和运条方法。

1）不开坡口的对接横焊。板厚在3～5mm的不开坡口对接横焊应采取双面焊。正面焊缝宜用 $\phi3.2mm$ 焊条，其焊条角度见图6-13。较薄焊件宜采用直线往返运条，以利用焊条前移机会熔池获得冷却。不致熔滴下淌和烧穿。较厚焊件用短弧直线形或斜圆圈形运条法，以得到适当的熔深，焊速应稍快而均匀，避免过多地熔化在一点上，以防止形成焊瘤和焊缝上部咬边。封底焊缝用直径为 $\phi3.2mm$ 焊条，稍大的焊接电流直线形运条法焊接。

2）开坡口的对接横焊。一般采用V形或K形坡口多层焊，坡口主要开在上板上，下板开坡口或少开坡口，这样有利焊缝成形，如图6-14所示。焊第一层时，焊条直径一般为3.2mm，间隙小时用直线形运条；间隙大时，用直线往复形运条；其后各层用直径3.2mm或4mm的焊条，用斜圆圈形运条方法，均用短弧焊。多

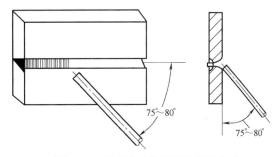

图 6-13　不开坡对接横焊的焊条角度

层横焊的焊道排列顺序如图6-15所示。焊每一道焊缝时，应适当调整焊条角度。

（4）仰焊

仰焊是焊工仰头向上施焊的水平焊缝。最大的困难是焊接熔池倒悬在焊件下面，熔化

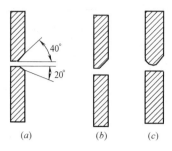

图 6-14　对接横焊接头坡口形式

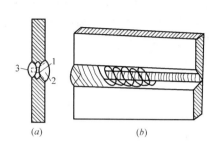

图 6-15　V 形坡口对接横焊

金属因自重易下坠，熔滴过渡和焊缝成形困难。为了减小熔池面积，使焊缝容易成形，所用焊条直径和焊接电流均比平焊小。此外，要保持最短的电弧长度，以使熔滴在很短时间过渡到熔池中去，并充分利用焊接时气体吹力、电磁力和流体金属表面张力的有利熔滴过渡的作用，促使焊缝成形良好。熔池宜薄不宜厚，熔池温度过高时，可以抬弧降温。

1）不开坡口的对接仰焊。当焊件厚度为 4mm 左右，一般不开坡口，用直径为 3.2mm 焊条，其角度如图 6-16（a）所示，与焊接方向成 70°～80°，其左右位置为 90°。用短弧焊，间隙小时用直线形法运条。间隙较大时，用直线往返形运条。

2）开坡口的对接仰焊。为了焊透，焊件厚度＞5mm 的对接仰焊都要开坡口，其坡口角比平焊坡口大些，以便焊条在坡口内能更自由地摆动和变换位置。焊第一层用直径为 3.2mm 焊条，用直线形或往复直线形运条法；第二层以后可用月牙形或锯齿形运条，每层熔敷量不宜过多，焊条位置根据每一层焊缝位置作相应调整，以利于熔滴过渡和焊缝成形。

3）T 形接头的仰焊。焊脚尺寸在 6mm 以下宜用单层焊，超过 6mm 时用多层焊或多层多道焊。单层焊时，焊条角度如图 6-16（b）所示。焊条直径宜用 3.2mm 或 4mm，用直线或往复直线形运条法。多层焊或多层多道焊时第一层同单层焊，以后各层可用斜环形或斜三角形运条法。

三、几种焊缝的焊接技术

1. 定位焊缝的焊接

定位焊缝又叫做点固焊缝，是用来将装配好的构件固定住，以保证整个构件在焊接后得到正确的几何形状和尺寸。定位焊缝是作为正式焊缝被留在焊接结构中，它的质量好坏及位置恰当与否，直接影响正式焊缝的质量好坏及工件变形的大小。因此定位焊应与正式焊接一样重视。对使用的焊条和焊工的技术熟练程度的要求也应是一样。

定位焊必须在装配的接缝尺寸及其清洁工作基本符合技术要求后进行。它

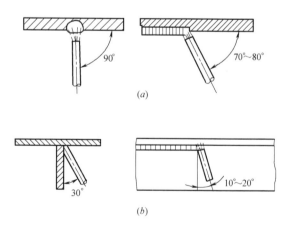

图 6-16　仰焊的焊条角度

（a）对接仰焊焊条角度；（b）形接仰焊焊条角度

120

的强度应能保证在其装配和焊接过程中不发生破裂。所以，定位焊缝必须有恰当的长度和较大的熔深。但定位焊缝的尺寸不应超出正式焊缝的外形尺寸。定位焊缝的起头和收尾应圆滑，不应过陡，以免正式焊接时造成未焊透。定位焊缝也不应有裂纹、未焊透、夹渣、气孔等缺陷。如发现有严重缺陷或装配质量不合要求，应铲除重焊。定位焊缝要求熔深大。焊缝平坦，而定位焊又是间断焊，热量不集中，因此所选用焊接电流应比正式焊缝焊接时大 20～30A 左右。

定位焊缝的长度及相互间距要根据工件厚度及形状来决定，其尺寸可参考表 6-3。但要求的部位可适当增加定位焊缝的尺寸和数量，如工件有曲度时，为保证工件曲度不变，定位焊的间距应缩小，当工件为强行组装时，则定位焊的长度也应根据具体情况予以加大。为保证接缝装配尺寸的正确，定位焊的次序及位置必须恰当选择，如平板装配时，定位焊应由中间向两边进行。在接缝交叉处和接缝方向急剧变化处不能有定位焊缝，应离开50mm 左右，如图 6-17 所示。

定位焊缝的参考尺寸 表 6-3

焊件厚度（mm）	定位焊缝厚度（mm）	焊缝长度（mm）	间距（mm）
≤4	<4	5～10	50～100
4～12	4～6	10～20	100～200
>12	约6	15～30	100～300

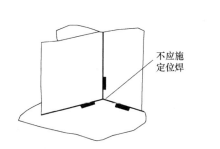
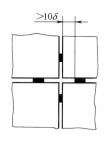

图 6-17　焊缝交界处的定位焊

2. 长缝的焊接

工件焊后会产生变形，而变形的大小又往往与焊缝长度有关，焊缝越长，变形就越大，因此为了减小变形，在焊接次序上要加以注意。如焊缝长度不超过 0.5m 的短焊缝可采用直通焊，焊缝长度在 0.5～5m 左右，则应采用中间向两端的直通焊［图 6-18（a）］或分段退焊法，即各小段的焊接方向与总的焊接方向相反［图 6-18（b）］。如焊缝长在 5m 以上时，则可采用对称的分断退焊法，如图 6-18（c）所示，由两个焊工同时向两端分段退焊。分段退焊法每一段焊缝的长度通常是 1～2 根焊条所焊的长度，约 200～400mm 为宜。也可采用分段跳焊法，如图 6-18（d）所示。

3. 单面焊双面成形操作技术

无法进行双面施焊而又要求焊透的接头焊接，须采用单面焊双面成形的操作技术。此种技术只适于具有单面 V 或 U 形坡口多层焊的焊件上，要求焊后正反面均具有良好的内在和外观质量。

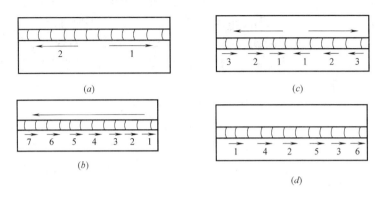

图 6-18　不同长度焊缝的焊接

(a) 由中间向两端焊法；(b) 分段退焊；(c) 对称分段退焊；(d) 分段跳焊

单面焊双面成形成败的关键在于如何保证第一层焊透且背面成形良好，以后各层和前述多层或多层多道焊焊法相同。焊工在生产中创造出许多操作技术，如灭弧焊法和连弧焊法等。这些操作方法的共同特点是：①为保证焊透，焊接过程中在熔池前沿均须形成熔孔。熔孔必须略大于接头根部间隙且左右对称，一般在坡口根部两侧各熔化 1.5mm 左右 (图 6-19)。②熔孔的形状和尺寸沿缝须均匀一致。熔孔大小对焊缝背面成形影响很大，若不出现熔孔或熔孔过小，则可能产生根部未熔合或未焊透、背面成形不良等缺陷；若熔孔过大，则背面焊道余高过高或产生焊瘤。要控制熔孔大小必须严格控制根部间隙、焊接电流、焊条角度、运条的方法与焊接速度。

现以连弧焊为例介绍操作要点：引弧后用短弧在起弧处加热，待接头根部即将熔化时，作一击穿动作，即把焊条往根部下送，待听到"噗"的声音，表示熔孔形成，迅速将焊条移到任一坡口面，以一定焊条角度使该坡口根部熔化约 1.5mm 左右，然后将焊条提起以 1～2mm 小距离锯齿形作横向摆动，熔化另一侧坡口根部 (约熔化 1.5mm 左右)，边交替熔化边向前移动。为

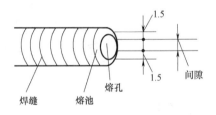

图 6-19　弧焊过程中的熔孔

使熔孔形状和大小始终一致，使焊条中心对准熔池前沿与母材交界处，让每个新熔池与前一个熔池相对重叠，如图 6-20 所示。

4. 薄板对接焊操作技术

(1) 特点。

厚度≤2mm 的钢板焊条电弧焊属薄板焊，其最大困难是易烧穿、焊缝成形不良和变形难控制。对接焊比角接和搭接难操作。

(2) 装配要求。

装配间隙越小越好，最大不应超过 0.5mm，对接边缘应剪切毛刺或清除切割熔渣；对接处错边不应超过板厚的 1/3，要求高者应小于 0.2～0.3mm；定位焊用小直径焊条 ($\phi2.0～\phi3.2mm$)，间距适当小些、焊缝呈点状，焊点间距 60～80mm，板越薄间距越

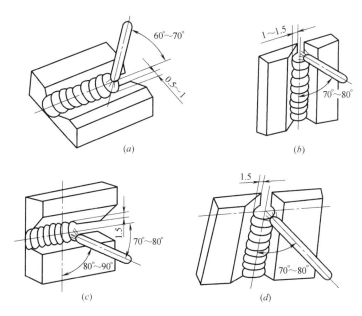

图 6-20　单面焊双面成形操作技术

(a) 平焊；(b) 立焊；(c) 横焊；(d) 仰焊

短。对缝两端定位焊缝约长 10mm 左右。

（3）焊接。

用与定位焊一样的小直径焊条施焊。焊接电流可比焊条使用说明书规定的大一些，但焊接速度高些，以获得小尺寸熔池。采用短弧焊，快速直线形运条，不作横向摆动。若有可能把焊件一头垫高，呈 15°～20° 作下坡焊，可提高焊接速度和减小熔深。对防止薄板焊接时烧穿和减小变形有利。还可以采用灭弧焊法，即当熔池温度高，快要烧穿时，立即灭弧待温度降低再引弧焊接；亦可直线前后往复焊，向前时将电弧稍提高一些。

若条件允许最好在立焊位置作立向下焊。使用立向下焊的专用焊条，这样熔深浅，焊速高，操作简便，不易烧穿。

5. 管子的焊接

在锅炉、石油、化工等设备的制造与安装过程中，常遇到管子的对接。根据焊接时管子所处位置和能否转动，可分为水平固定管对接、水平管转动对接和垂直固定管对接三种。

（1）水平固定管对接。焊前根据管壁厚度开好 V 形坡口（对薄壁管也可不开坡口），组对时管子轴线必须对正，由于先焊管子下部，为了补偿焊缝收缩造成上部间隙减小，故上部坡口间隙比下部应稍放大些。根据管径大小决定定位焊的数目，定位焊缝位置和数目如图 6-21 所示。管径小于或等于 ϕ42mm 时可定位焊一处；ϕ42～ϕ76mm 时可定位焊两处；ϕ76～ϕ133mm 时可定位焊三处；

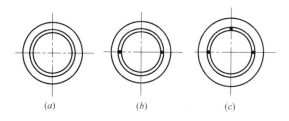

图 6-21　水平固定管定位焊数目及位置

(a) ϕ≤42mm；(b) ϕ=42～76mm；(c) ϕ=76～133mm

管径更大时，可适当增加定位焊数量。

一般情况下，将整个管口圆周沿纵向轴线分成两半进行焊接。起焊时从仰焊部位中心线提前 5～15mm 处开始，在超过水平最高点 5～15mm 处收尾，焊接时焊条角度如图 6-22 所示。后半圈焊接时应注意保证连接处质量，焊接层数由壁厚决定。

对于直径较大的承压管道，为了保证焊缝根部焊透和便于装配，有时采用在管子内部接缝处加垫圈与管子焊在一起，残留在管子内。

（2）水平管转动对接。把管子放在转胎上或支座上，使装配好的管子，在焊接时能容易地让其轴线转动。焊接位置可选在立焊位置，也可选在斜立焊位置，如图 6-23 所示。

（3）垂直固定管对接。与一般横焊相似，焊条角度如图 6-24 所示。

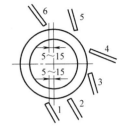

图 6-22　分半运条角度

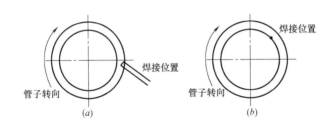

图 6-23　水平管转动焊接位置
（a）立焊位置；（b）斜立焊位置

图 6-24　垂直固定管对接时运条角度

四、焊接规范的选择

焊条电弧焊时，焊接规范是指焊条直径、焊接电流、电弧电压、焊接速度和层数。焊接规范对于焊接生产率和焊接质量有很大的影响，因此必须正确选择。但由于具体情况不同（如焊接结构的材质、工件装配质量、焊工的操作习惯等），同样的工件可选用不同个焊接规范，因此，仅能对选择焊接规范的原则作简单介绍。

1. 焊条直径的选择

焊条直径的选择主要取决于被焊工件的厚度。另外还应考虑接头形式、焊缝位置、焊接层次等。

厚度越大，要求焊缝尺寸也越大，就选用直径大一些的焊条。表 6-4 中所列数据可供参考。

焊条直径的选择　　　　　　　　表 6-4

被焊工件厚度(mm)	≤1.5	2	3	4～7	8～12	≥13
焊条直径(mm)	1.6	1.6～2	2.5～3.2	3.2～4	4～5	4～5.8

在厚板多层焊时，底层焊缝所选用的焊条直径一般均不超过 4mm，以后几层可适当选用大直径焊条。

角接和搭接可以选用比对接较大直径的焊条。立焊、横焊、仰焊时焊条一般不超过

4mm，以免由于熔池过大，铁水下流使焊缝成形变坏。

2. 焊接电流的选择

一般焊接条件下，焊缝熔深与焊接电流成正比。随着焊接电流的增加，熔深（H）和焊缝余高（h）都有显著的增加，而焊缝的宽度（B）变化不大。同时，焊丝的熔化量也相应增加，这就使焊缝的余高增加。随着焊接电流的减小，熔深和余高都减小，如图6-25所示。

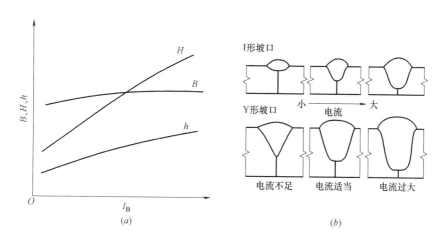

图 6-25　焊接电流对焊缝成形的影响
（a）影响规律；（b）焊缝成形的变化

焊接电流选择除了考虑对焊缝外形的影响还要考虑焊条直径和焊件厚度。焊接电流过大时，焊条本身的电阻热会使焊条发红，使焊条的药皮变质，甚至大块自动脱落，失去保护作用，焊条芯熔化过快，使焊接质量降低。焊接电流过小时，电弧不稳定。因此，对于一定直径的焊条有一个适当的电流适用范围。表 6-5 中列出了各种直径的酸性焊条的合适电流使用范围。

酸性焊条使用电流参考表　表 6-5

焊条直径（mm）	1.6	2.0	2.5	3.2	4.0	5.0	5.8
焊接电流（A）	25～40	40～70	70～90	90～130	160～210	220～270	260～310

电流大小的选择，还应考虑工件的厚度、接头形式、焊接位置和现场使用情况。在工件厚度大、角接焊缝、气候较冷、散热较快等情况下，可选用电流的上限，而在工件厚度不大，在立、横、仰焊位置和用碱性焊条时，应适当减小焊接电流。

总之，在保证不烧穿和成形良好的情况下，尽量采用较大的焊接电流，配合适当大的焊接速度，以提高生产率。

实际电流选择是凭焊工的经验，可从以下几方面来判断电流选得是否合适：

（1）看飞溅。电流过大时，电弧吹力大，可看到有大颗粒的铁水向熔池外飞溅，焊接时爆裂声大。电流过小时电弧吹力小，铁水与熔渣不易分离。

（2）看焊缝成形。电流过大时焊缝低，熔深大，两边易产生咬边。电流过小时，焊缝窄而高，且两侧与母材熔合不好。

（3）看焊条情况。电流过大时，在焊了大半根焊条后，所剩焊条会发红，药皮会脱落。电流过小时，电弧不稳，焊条易粘在工件上。电流合适时，焊完后所剩焊条头呈暗红色。

3. 焊接层数的选择

在焊件厚度较大时，往往采用多层焊。对于低碳钢和强度等级低的普低钢，每层焊缝厚度对焊缝质量影响不大，但过大时，对焊缝金属塑性稍有不利影响，因此对质量要求较高的焊缝，每层厚度最好不大于4~5mm。经验认为：每层厚度等于焊条直径的0.8~1.2倍时，生产率较高，并且比较容易操作。因此，可近似计算如下：

$$层数\ n \approx \delta/d$$

式中　δ——工件厚度（mm）；

　　　d——焊条直径（mm）。

4. 电弧电压和焊接速度的掌握

电弧电压的增加，焊接宽度明显增加，而熔深和焊缝余高则有所下降。变化如图6-26所示。

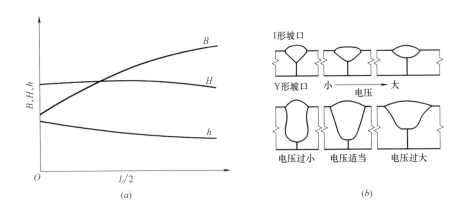

图6-26　焊接电压对焊缝成形的影响
（a）影响规律；（b）焊缝成形的变化

焊条电弧焊时，电弧电压和焊接速度是由焊工根据具体情况灵活掌握，其原则：一是保证焊缝具有所要求的尺寸和外形；二是保证焊透。

电弧电压主要决定于弧长，一般弧长控制在1~4mm之间，相应的电弧电压在16~25V之间。电弧过长，易飘荡，飞溅增加，易产生气孔、咬边、未焊透等缺陷。在焊接过程中尽可能采用短弧焊接。立、仰焊时弧长应比平焊时更短一些。碱性焊条应比酸性焊条弧长短一些，以利于电弧的稳定和防止气孔。

为了获得满意的焊缝成形，焊接电流和电弧电压应匹配好，以直径5mm焊丝为例，其匹配情况见表6-6。

焊接电流与电弧电压匹配表（焊丝直径5mm，交流电源）　　　　　表6-6

焊接电流（A）	600~700	700~800	850~1000	1000~1200
电弧电压（V）	36~38	38~40	40~42	42~44

第二节 埋 弧 焊

一、埋弧焊的特点和应用

埋弧焊也是利用电弧作为热源的焊接方法。埋弧焊时电弧是在一层颗粒状的可熔化焊剂覆盖下燃烧，电弧光不外露，埋弧焊由此得名。所用的金属电极是不间断送进的裸焊丝。

埋弧焊操作方式可分为自动焊和半自动焊，前者的焊丝送进和电弧移动都由专门的机头自动完成，后者的焊丝送进由机械完成，电弧移动则由人工进行。焊接时，焊剂由漏斗铺撒在电弧的前方。焊接后，未被熔化的焊剂可用焊剂回收装置自动回收，或由人工清理回收。其焊接过程如图 6-27 所示。

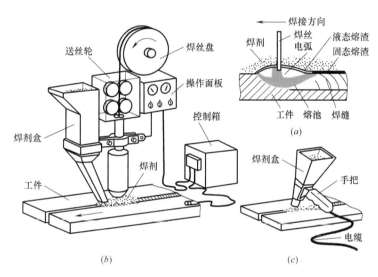

图 6-27 埋弧焊示意图
（a）埋弧焊过程示意图；（b）自动埋弧焊；（c）半自动埋弧焊

与焊条电弧焊相比，埋弧自动焊有以下优点：

（1）生产效率高。由于埋弧焊可以使用大电流，工件熔化深度大，且增大了单位时间内焊丝的熔化量，显著地提高了生产率。

（2）焊缝质量好且稳定，焊缝表面美观。焊缝的质量不受焊工情绪及疲劳程度的影响，主要取决于焊机调整的优劣，以及焊件、焊接材料的质量，在正确的焊接工艺参数下，可以获得化学成分均匀、表面平整美观的优质焊缝。

（3）节省焊接材料和电能。埋弧焊熔深大，对一定厚度的工件不开坡口也可焊透，同时没有飞溅损失，从而减少了焊接材料和电能的消耗。

（4）工人劳动条件得到改善。机械化的焊接使工人劳动强度减轻。由于电弧在焊剂层下燃烧，消除了弧光、飞溅及烟尘对焊工的危害。

（5）对焊工操作技术要求较低。

埋弧焊缺点是：

（1）焊接设备较复杂，设备投资较大。

（2）只适用于平焊和平角焊。

（3）对坡口精度、组装间隙等要求较严格。

由于埋弧焊熔深大，生产率高，机械化操作的程度高，因而适于焊接中厚板结构的长焊缝。埋弧焊除了用于金属结构中构件的连接外，还可在基体金属表面堆焊耐磨或耐腐蚀的合金层。

二、埋弧焊的焊接材料

1. 焊丝

埋弧焊用的焊丝的国家标准是《熔化焊用钢丝》GB/T 14957—1994。

为了焊接不同厚度的钢板，同一牌号的焊丝加工成各种不同的直径，常用焊丝直径规格有 2mm、3mm、4mm、5mm、6mm 等。

埋弧焊常用焊丝有 H08A、H10Mn2、H08MnA、H08Mn2MoA、H08Mn2SiA、H08CrMoVA 等，其牌号及化学成分见国标《熔化焊用钢丝》GB/ T14957—1994。

焊丝应妥善保存，防锈防蚀。为了防锈，常用焊丝多为镀铜焊丝，否则焊丝使用前应用人工或专用除油污设备对焊丝进行清理。

2. 焊剂

焊剂是焊接时能够熔化形成熔渣和气体，对熔化金属起保护和冶金处理作用的一种颗粒状物质。焊剂的作用与焊条药皮相似。

焊剂应满足以下要求：能保证电弧稳定燃烧；保证焊缝金属能获得所需要的化学成分和力学性能；能有效地脱硫、磷，对油污、铁锈的敏感性小；焊接时无有害气体析出；有合适的熔化温度及高温时有适当的黏度，以利于焊缝有良好的成形，冷却后有良好的脱渣性；不宜吸潮，有足够的强度，以保证焊剂能多次使用。

（1）焊剂的分类

按制造方法分：熔炼焊剂和烧结焊剂等。

按用途分：低碳钢焊剂、合金钢焊剂和不锈钢焊剂等。

按化学特性分：酸性焊剂和碱性焊剂等。

按化学成分分：高锰焊剂和中锰焊剂等。

目前我国主要是以制造方法和化学成分分类。

（2）焊剂牌号

1）熔炼焊剂。牌号用汉语拼音字母"HJ"表示埋弧焊及电渣焊用熔炼焊剂。

例如，

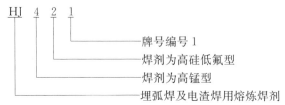

熔炼焊剂牌号中，字母后前两位数字表示的含义见表6-7，第三位数字表示同一类型焊剂机的不同牌号，按0、1、2、…、9顺序编排，对同一种牌号焊剂生产两种颗粒度，

在细颗粒焊剂牌号后面加"X"字母。

熔炼焊剂类型 表 6-7

牌号	焊剂类型	含氧化锰含量
HJ1××	无锰	<2%
HJ2××	低锰	2%～15%
HJ3××	中锰	15%～30%
HJ4××	高锰	>30%

牌号	焊剂类型	二氧化硅及氟化钙含量
HJ×1×	低硅低氟	$SiO_2<10\%$,$CaF_2<10\%$
HJ×2×	中硅低氟	$SiO_2$10%～30%,$CaF_2<10\%$
HJ×3×	高硅低氟	$SiO_2>30\%$,$CaF_2<10\%$
HJ×4×	低硅中氟	$SiO_2<10\%$,$CaF_2$10%～30%
HJ×5×	中硅中氟	$SiO_2$10%～30%,$CaF_2$10%～30%
HJ×6×	高硅中氟	$SiO_2>30\%$,$CaF_2$10%～30%
HJ×7×	地硅高氟	$SiO_2<10\%$,$CaF_2>30\%$
HJ×8×	中硅高氟	$SiO_2$10%～30%,$CaF_2>30\%$
HJ×9×	其他型	

2）烧结焊剂。牌号用汉语拼音字母"SJ"表示埋弧焊用烧结焊剂。

例如，

烧结焊剂牌号中，字母后第一位数字表示的含义见表 6-8，第二位、第三位数字表示同一渣系类型焊剂的不同牌号的编号，按 01、01、02、…、09 顺序编排。

烧结焊剂熔渣渣系类型 表 6-8

焊剂牌号	熔渣渣系类型	主要组成范围
SJ1××	氟碱型	$CaF_2\geq15\%$,$CaO+MgO+MnO+CaF_2>50\%$,$SiO_2\leq20\%$
SJ2××	高铝型、	$Al_2O_3>20\%$,$Al_2O_3+CaO+MgO>45\%$
SJ3××	硅钙型	$MgO+CaO+SiO_2>61\%$
SJ4××	硅锰型	$MnO+SiO_2>50\%$
SJ5××	铝钛型	$Al_2O_3+TiO_2>45\%$
SJ6××	其他型	

按《埋弧焊用碳钢焊丝和焊剂》GB/T 5293—1999 规定，碳钢埋弧焊的焊丝-焊剂组合型是根据焊丝-焊剂组合的熔敷金属力学性能、热处理状态进行划分和编制的。型号开头字母"F"表示焊剂；字母后第一位数字表示焊丝-焊剂组合的熔敷金属抗拉强度的最小值，见表 6-9；第二位是字母，表示试件的热处理状态，"A"表示焊态，"P"表示焊后热处理状态，第三位数字表示熔敷金属冲击吸收功不小于 27J 时的最低试样温度，见表 6-10；短划"-"后面是组合的焊丝牌号，焊丝牌号按《熔化焊用钢丝》GB/T 14957—1994

规定，常用焊丝有 H08A、H10Mn2、H08MnA、H08Mn2MoA 和 H08Mn2SiA 等。

完整的焊丝-焊剂型号示列如下：

组合的焊丝牌号
熔敷金属冲击吸收功不小于 27J 时的试验温度为 0℃
试件为焊态
熔敷金属抗拉强度的最小值为 415MPa（见表 6-9）
焊剂

拉伸试验的力学性能要求　　　　　　　　　　　　　　　　表 6-9

焊剂型号	抗拉强度 σ_b/(MPa)	屈服点 σ_s/(MPa)	伸长率 δ_s(%)
F4××-H××	415～550	≥330	≥22
F5××-H××	480～650	≥400	≥22

冲击试验的要求　　　　　　　　　　　　　　　　表 6-10

焊剂型号	试验温度（℃）	冲击吸收功(J)
F××0-H×××	0	
F××2-H×××	−20	
F××3-H×××	−30	
F××4-H×××	−40	≥27
F××5-H×××	−50	
F××6-H×××	−60	

3. 焊剂与焊丝匹配

埋弧焊焊丝和焊剂在焊接时的作用与手工电弧焊的焊条芯和焊条药皮一样。焊接不同的材料应选择不同成分的焊丝和焊剂。表 6-11 列出了国产焊剂用途及配用焊丝。

国产焊剂用途及配用焊丝　　　　　　　　　　　　　　　　表 6-11

焊剂牌号	焊剂类型	配用焊丝	焊剂用途
HJ130	无锰高硅低氟	H08Mn2	低碳结构、低合金钢，如 16Mn 等
HJ131	无锰高硅低氟	配 Ni 基焊丝	焊接镍基合金薄板结构
HJ230	低锰高硅低氟	H08MnA、H08Mn2	焊接低碳结构钢及低合金结构钢
HJ260	低锰高硅中氟	Cr19Ni9 型焊丝	焊接不锈钢及轧辊堆焊
HJ330	中锰高硅低氟	H08MnA、H08Mn2A、H08MnSi	焊接重要的低碳钢结构和低合金钢，如 A3、15g、20g、16Mn、15MnVTi 等
HJ430	高锰高硅低氟	H08A、H10Mn2A、H10MnSiA	焊接低碳钢结构及低合金钢
HJ431	高锰高硅低氟	H08A、H08MnA、H08MnSiA	焊接低碳钢结构及低合金钢
HJ433	高锰高硅低氟	H08A	焊接低碳结构钢
HJ150	无锰中硅中氟	2Cr13、3Cr2W8、铜焊丝	堆焊轧辊、焊铜
HJ250	低锰中硅中氟	H08MnMoA、H08Mn2AMoA、H08Mn2MoVA	焊接 15MnV、14MnMoV、18MnMoNb 及 14MnMoVB 钢等

三、埋弧焊工艺

埋弧焊一般在平焊位置焊接，用以焊接对接和 T 形接头的长直焊缝。坡口尺寸可参考第五章埋弧焊坡口尺寸。焊缝起止处焊上引弧板和引出板，如图 6-28 所示。由于埋弧焊选用的焊接电流较大，容易造成烧穿，生产中采用各种焊剂垫和垫板以保证焊缝成形和防止烧穿，如图 6-29 所示。

焊接筒体对接焊缝时，工件以一定的焊接速度旋转，焊丝位置不动。为防止熔池金属流失，焊丝位置应逆旋转方向偏离焊件中心线一定距离 a，如图 6-30 所示。

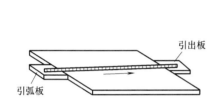

图 6-28　电弧的引弧板和引出板

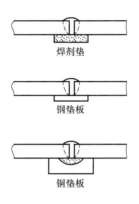

图 6-29　焊剂垫和垫板

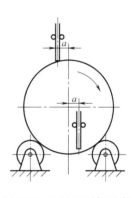

图 6-30　环缝埋弧焊示意

埋弧焊的电源通常采用容量较大弧焊变压器。焊丝的伸出长度（从导电嘴末端到电弧端部的焊丝长度）远较焊条电弧焊焊条短，一般在 50mm 左右，而且是光焊丝，不会因提高电流而造成焊条药皮发红，即可使用较大的电流（比焊条电弧焊大 5～10 倍）。

第三节　CO_2 气体保护焊

二氧化碳（CO_2）气体保护焊是利用 CO_2 作为保护气体的电弧焊，简称为二氧化碳焊。其焊接示意如图 6-31 所示。

一、CO_2 气体保护焊的过程、特点和应用

CO_2 气体保护焊按操作方式分为半自动 CO_2 气保护焊和自动 CO_2 气保护焊两种。前者焊丝送进是机器自动完成的，电弧移动即焊枪移动为手工造作；后者焊丝送进和电弧移动均为机器自动完成。CO_2 焊按焊丝直径粗细分，有细丝 CO_2 焊和粗丝 CO_2 焊两类，前者焊丝直径 ≤ 1.2mm，后者焊丝直径 ≥ 1.6mm。

1. CO_2 气体保护焊的过程

（1）氧化性

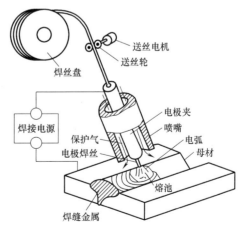

图 6-31　CO_2 电弧焊方法

CO_2 气体在电弧高温作用下，分解成 CO 和氧：

$$CO_2 \longrightarrow CO + O$$

因此，CO_2 焊有强烈的氧化性，合金元素烧损严重，产生大量 FeO，烧损碳，生成大量 CO：

$$C + O \longrightarrow CO$$
$$FeO + C \longrightarrow CO + Fe$$

因此会产生气孔，引起飞溅，还会降低焊缝力学性能。所以，CO_2 焊要采用含合金元素锰和硅多的合金钢焊丝 H08Mn2SiA。这是 CO_2 焊常用焊丝，牌号中"H"表示焊接用钢丝，"08"表示平均含碳量为 0.08%，"Mn2"表示平均含锰量 2% 左右，"Si"表示平均含硅量 <1.5%，"A"表示高级优质钢。CO_2 焊丝中锰、硅的主要作用是脱氧。这样，可以防止 CO 气孔，减少飞溅，减少合金元素烧损，得到力学性能符合要求的焊缝。

（2）气孔

产生气孔的气体有 3 种：CO、氢和氮，其气孔分别为 CO 气孔、氢气孔和氮气孔。在 CO_2 气体保护焊中，采用了含锰、硅脱氧元素多的 CO_2 焊丝，例如 H08Mn2SiA，则产生 CO 气孔的可能性是很小的。

CO_2 气体保护焊时氢的来源主要有工件和焊丝表面的锈和油污及 CO_2 气体中的水分。锈中有结晶水，水在电弧高温作用下，生成氢和氧。油是碳氢化合物，在电弧高温作用下会分解出氢。氢会生成气孔，引起裂纹，降低焊缝力学性能（主要是塑性、韧性）。因此，要清除工件坡口及两侧的锈、水、油污，清除焊丝表面的油污和锈。由于保护气体 CO_2 有氧化性等原因，CO_2 焊的焊缝含氢量是较低的。

氮的来源是空气。CO_2 气体保护焊时，CO_2 气体流量太小或太大；喷嘴与工件距离过大；喷嘴被飞溅物堵塞；焊接场地有侧向风等原因造成 CO_2 焊时机械保护差，容易产生氮气孔。

（3）熔滴过渡

CO_2 焊有两种熔滴过渡形式：短路过渡和颗粒过渡。

1）短路过渡。是在细焊丝、小电流、低电弧电压时出现的。焊接过程稳定，飞溅少，焊缝成形好，使用与焊接薄板和全位置焊接。细丝 CO_2 焊通常采用短路过渡。短路过渡的稳定性主要取决于焊接电源的动特性和焊接工艺参数。

2）颗粒过渡。是在焊接电流较大、电弧电压较高时出现的，适用于中厚板焊接。粗丝 CO_2 焊时大多采用颗粒过渡。影响颗粒大小的因素主要有焊接电流和极性。焊接电流较大时，颗粒较细；采用直流正接时，熔滴颗粒大，过渡困难，产生大颗粒飞溅。

（4）飞溅

CO_2 焊时容易产生飞溅。产生飞溅的原因主要有：

1）冶金反应产生的 CO 膨胀引起熔滴爆炸。因此，焊丝中要加锰、硅脱氧，并限制焊丝含碳量（<0.1%）。

2）极点压力造成大颗粒飞溅。这种飞溅主要取决于极性，因此，CO_2 焊应采用直流反接。

3）短路过渡时短路电流增长太快引起飞溅。因此弧焊电源动特性要好，在焊接回路中串接一合适的电感，以得到稳定的短路过渡，减少飞溅。

2. CO_2 气体保护焊的特点

CO_2 气体保护焊的优点有：

（1）生产效率高。CO_2 气体保护焊焊接电流密度大，因此熔深大。对厚度 10mm 以下的钢板可以不开坡口，对厚板可以减小坡口、加大钝边；焊丝熔化快，此外，焊后不用清渣。

（2）成本低。CO_2 气体便宜，电能和焊接材料消耗少，焊接成本只有埋弧焊和焊条电弧焊的 40％ 左右。

（3）焊接变形小。CO_2 气体保护焊电弧热量集中，加热面积小，CO_2 气流有冷却作用。因此，焊后变形小，薄板焊接时较为突出。

（4）焊接质量高，抗裂性能好。CO_2 气体保护焊焊缝含氢量比其他焊接方法都低，因此，焊缝抗裂性能好，力学性能良好。

（5）抗锈能力强，焊前对工件表面除锈要求较低，可节省生产中的辅助时间。

此外，CO_2 气体保护焊时明弧焊接，与埋弧焊比，熔池可见，操作方便，不易焊偏，可全位置焊接，有利于实现机械化和自动化焊接。

3. CO_2 气体保护焊的应用

CO_2 气体保护焊适用于碳钢和低合金钢的焊接，常用于薄板的焊接，也用于中厚板的焊接。

二、CO_2 气体保护焊的焊接材料和焊接工艺

1. 焊接材料

CO_2 气体保护焊的焊接材料主要是焊丝，此外也包括 CO_2 气体。

保护气体 CO_2 的纯度一般要求不低于 99.5％。CO_2 气瓶里的 CO_2 气体中水汽的含量与气体压力有关，气体压力越低，气体内水汽含量越高，容易产生气孔。因此，CO_2 气瓶内气体压力要求不低于 1MPa。降至 1MPa 时，应停止使用。CO_2 气瓶应小心轻放，竖立固定，防止倾倒；使用时必须竖立，不得卧放使用；气瓶与热源距离应大于 5m。

CO_2 气体保护焊焊丝的作用有：

（1）作为电极，传导电流，产生电弧。

（2）作为填充金属，与熔化母材一起组成焊缝。

（3）冶金处理，焊丝中有较多的锰、硅等合金元素，起脱氧、渗合金等冶金处理作用。

CO_2 焊常用焊丝为 H08Mn2SiA。

2. 焊接工艺

（1）极性

为了减少飞溅，保证电弧稳定燃烧，CO_2 气体保护焊一般都采用直流反接。

（2）焊接工艺参数

CO_2 气体保护焊的焊接工艺参数主要有焊丝直径、焊接电流、电弧电压、焊接速度、焊丝伸出长度和气体流量等。

1）焊丝直径。焊丝直径根据焊件厚度、焊接位置和熔滴过渡形式等来选择，可参考表 6-12 选择。

焊丝直径(mm)	焊件厚度(mm)	焊接位置	熔滴过渡形式
0.5～0.8	1～2.5 2.5～4	各种焊接 位置平焊	短路过渡 颗粒过渡
1.0～1.4	2～8 2～12	各种焊接 位置平焊	短路过渡 颗粒过渡
≥1.6	3～12 >6	各种焊接 位置平焊	短路过渡 颗粒过渡

2）焊接电流和电弧电压。焊接主要影响是熔池深度。电流增大时，焊缝厚度增大。此外，焊接电流也会影响焊缝宽度和余高。当电流增大时，焊缝宽度和余高也会相应增加。焊缝宽度主要取决于电弧电压。在 CO_2 气体保护焊的焊接工艺参数中，电弧电压是一个关键的参数。电弧电压大小决定了电弧长短和熔滴过渡的形式，它对焊缝成形、飞溅和焊接过程的稳定有很大影响。短路过渡要求电弧电压低，电弧电压高了，变成颗粒过渡。但也不能过低，否则焊接过程不稳定。电弧电压必须与焊接电流匹配，表 6-13 所列为三种不同直径焊丝典型的短路过渡焊接工艺参数，采用这种典型参数焊接时飞溅最小。

典型的短路过渡焊接工艺参数　　　　　　　　　　　　　表 6-13

焊丝直径(mm)	0.8	1.2	1.6
电弧电压(V)	18	19	20
焊接电流(A)	100～110	120～135	140～180

细颗粒过渡大多采用较大直径焊丝，以 $\phi1.6mm$ 和 $\phi1.2mm$ 用得最多。表 6-14 为细颗粒过渡的最低电流值和电弧电压范围。

细颗粒过渡的最低电流和电弧电压范围　　　　　　　　　表 6-14

焊丝直径(mm)	1.2	1.6	2.0	3.0	4.0
最低电流(A)	300	400	500	650	750
电弧电压(V)			34～45		

3）焊接速度。随着焊接速度的增快，焊道变厚，焊道宽度和余高均会减小。焊速过快，容易产生咬边和未焊透等缺陷，气体保护效果变坏，易产生气孔；焊速过慢，易产生烧穿，接头组织粗大，变形增大，生产率低。通常，半自动焊的焊速不超过 0.5m/min，自动焊的焊速不超过 1.5m/min。

4）气体流量。气体流量太小时，保护气体挺度不足，保护效果差，易产生气孔；气体流量过大时，会将外界空气卷入焊接区，降低保护效果。当焊接电流较大、焊接速度较快、焊丝伸出长度较长时，气体流量应适当加大。通常，细丝小电流短路过渡时，气体流量在 5～15L/min 之间；粗丝大电流颗粒过渡自动焊时，气体流量在 15～25L/min 之间。

5）焊丝伸出长度。根据生产经验，合适的焊丝伸出长度约为焊丝直径的 10 倍左右，一般焊丝伸出长度在 5～15mm 范围内，很少超过 20mm 的。

三、CO_2 气体保护焊的设备及安全使用

CO_2 气体保护焊的设备由焊接电源（即弧焊电源）、送丝系统（自动焊）、焊枪与行走系统、供气系统与控制系统等部分组成。

1. 焊接电源

CO_2 气体保护焊的电弧静特性曲线是一条上升的曲线，焊丝直径越细，上升越快。因此，为了保证电弧稳定燃烧，细丝 CO_2 气体保护焊的弧焊电源要求水平外特性曲线，配合等速送丝系统；粗丝 CO_2 气体保护焊电弧静特性曲线上升慢，焊丝直径大于 2mm 的粗丝 CO_2 气体保护焊时，可采用下降（缓降）外特性的弧焊电源，配用变速的均匀调节送丝系统。

CO_2 气体保护焊用交流电源焊接时，电弧很不稳定，飞溅很严重。因此，CO_2 气体保护焊应采用直流弧焊电源。

2. 送丝系统

CO_2 气体保护焊通常采用等速送丝系统，粗丝焊接工艺参数自动焊时，可采用变速的均匀调节送丝系统。

送丝系统通常是由送丝机构（包括电动机、减速器、校直轮、送丝轮）、送丝软管、焊丝盘等组成。

半自动 CO_2 焊的送丝方式通常有推丝式、拉丝式和推拉丝式三种。

3. 焊枪

熔化极气体保护焊焊枪的作用是导电、导丝和导气。

推丝式焊枪有两种形式：鹅颈式焊枪和手枪式焊枪。鹅颈式焊枪适合于小直径焊丝，使用灵活方便、适合于紧凑部位、难以达到的拐角和某些受限制区域的焊接。手枪式焊枪适合于较人直径焊丝，常采用水冷却。

拉丝式焊枪也采用手枪式，送丝机构和焊丝盘都装在焊枪上，送丝速度稳定，但结构复杂、笨重，用于直径 0.5～0.8mm 的细丝 CO_2 焊。

自动焊焊枪装在焊接机头下部，有细丝气冷和粗丝水冷两种。焊接机头上部为送丝机构，焊丝通过送丝轮和导丝管进入焊枪。

4. 供气系统

CO_2 气体保护焊供气系统由 CO_2 气瓶、预热器、干燥器、减压器、流量计和电磁气阀等组成。

（1）CO_2 气瓶。瓶体铝白色，漆有"液化二氧化碳"黑色字样。CO_2 气瓶容积 40L，可装 25kg 液态 CO_2，液面上为 CO_2 气体。满瓶 CO_2 气瓶中，液态 CO_2 和气态 CO_2 约分别占气瓶容积的 80% 和 20%。焊接用的 CO_2 气是由气瓶内的液态 CO_2 气化成的。在标准状态下，1kg 液态 CO_2 可气化成 500 升 CO_2。瓶内有液态 CO_2 时，气态 CO_2 的压力约为 4.9～6.86MPa，随环境温度而变化。

CO_2 气体保护焊用的 CO_2 气体纯度一般要求不低于 99.5%。CO_2 气瓶里的 CO_2 气体中水汽的含量与气体压力有关，气体压力越低，气体内水汽含量越高，容易产生气孔。因此，CO_2 气瓶内气体压力要求不低于 1MPa。降至 1MPa 时，应停止使用。

CO_2 气瓶应小心轻放，竖立固定，防止倾倒；使用时必须竖立，不得卧放使用；气

瓶与热源距离应大于5m。

（2）干燥器。干燥器的作用是吸收CO_2气体中的水分，防止气孔。干燥器内装有硅胶或脱水硫酸铜、无水氧化钙等干燥剂。

（3）减压器。减压器的作用是将气瓶内的气体压力降低至使用压力，并保持使用压力稳定，使用压力还应该可以调节。CO_2气体减压器通常采用氧气减压器即可。

（4）流量计。流量计的作用是测量和调节CO_2气体的流量。

5. 控制系统

控制系统主要是程序控制系统，其作用是对CO_2焊的供气、送丝和供电系统实行控制，自动焊时还要对行走机构的启动和停止进行控制。控制电磁气阀实现提前送气和滞后停气。控制送丝和供电系统，实现供电的通断，可控制引弧和熄弧等。

第四节 氩 弧 焊

氩弧焊是利用氩气作为保护介质的一种电弧焊方法。氩气是一种惰性气体，它既不与金属起化学反应使被焊金属氧化或合金元素烧损，亦不溶解于液体金属，引起气孔，因而氩气的保护是很可靠的，可获得高质量的焊缝。

氩弧焊按所用的电极不同分为两种：非熔化极氩弧焊和熔化极氩弧焊，如图6-32所示。因熔化极氩弧焊与CO_2气体保护焊工艺有许多相近之处，这里重点对非熔化极氩弧焊进行介绍。非熔化极氩弧焊时，电极只起发射电子、产生电弧的作用，电极本身不熔化，常采用熔点较高的钍钨棒或铈钨棒作为电极，所以也叫钨极氩弧焊。

一、手工钨极氩弧焊及其设备

1. 氩弧焊的原理

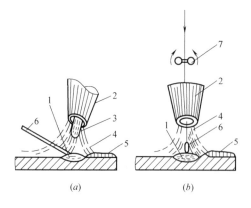

图6-32 两种不同钨极氩弧焊

(a) 钨极氩弧焊；*(b)* 熔化极氩弧焊

1—熔池；2—喷嘴；3—钨极；4—气体；
5—焊缝；6—焊丝；7—送丝滚轮

氩弧焊是使用氩气作为保护气体的一种气体保护电弧焊方法，利用钨电极和工件间产生的电弧热熔化母材和填充焊丝（可以不用焊丝）的一种焊接方法，又称为GTAW（Gas Tungsten Arc Welding）焊或TIG焊接（Tungsten Inert Gas）。

2. 氩弧焊的特点

（1）焊缝质量较高。由于氩气是惰性气体，不与金属产生化学反应，同时氩气不溶解于液态金属，将其作为气体保护层，使高温下被焊金属中的合金元素不会氧化烧损，并且保护效果好，因此，能获得较高的焊接质量。

（2）焊接变形与应力小，特别适宜于薄件的焊接。

（3）可焊的材料范围广，几乎所有的金属材料都可进行氩弧焊。

（4）操作技术易于掌握，容易实现机械化和自动化。

3. 氩弧焊的设备

手工钨极氩弧焊设备由焊接电源、焊枪、供气系统、控制系统和冷却系统等部分组成，其设备示意如图 6-33 所示。

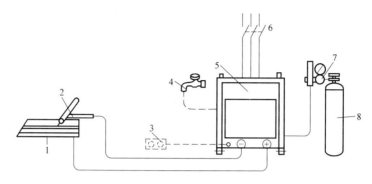

图 6-33　钨极氩弧焊设备示意图

1—焊件；2—焊枪；3—遥控盒；4—冷却水；5—电源与控制系统；

6—电源开关；7—流量调节器；8—氩气瓶

（1）焊接电源

钨极氩弧焊要求采用具有陡降外特性的焊接电源，有直流电源和交流电源两种。常用的直流钨极氩弧焊机有 WS-250 型、WS-400 型等；交流钨极氩弧焊机有 WSJ-150 型、WSJ-500 型等；交直流钨极氩弧焊机有 WSE-150 型、WSE-400 型等。

（2）控制系统

控制系统是通过控制线路，对供电、供气与稳弧等各个阶段的动作进行控制，其控制流程如图 6-34 所示。

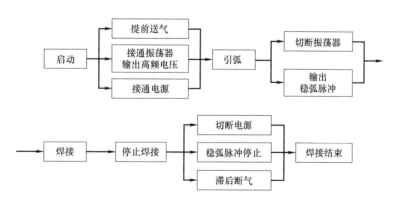

图 6-34　手工钨极氩弧焊控制程序

（3）焊枪

焊枪的作用是装夹钨极、传导焊接电流、输出氩气流和启动或停止焊机的工作系统。焊枪分为大、中、小三种，按冷却方式又可分为气冷式和水冷式。

当所用焊接电流小于 150A 时，可选择气冷式焊枪，如图 6-35 所示。

焊接电流大于 150A 时，必须采用水冷式焊枪，如图 6-36 所示。

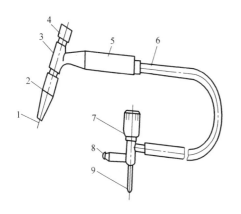

图 6-35 气冷式焊枪

1—钨极；2—陶瓷喷嘴；3—枪体；4—短帽；

5—手把；6—电缆；7—气体开关手轮；

8—通气接头；9—通电接头

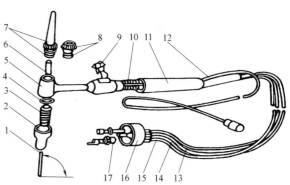

图 6-36 水冷式焊枪

1—钨极；2—陶瓷喷嘴；3—导流件；4、8—密封圈；5—枪体；

6—钨极夹头；7—盖帽；9—船形开关；10—扎线；

11—手把；12—插圈；13—进气皮管；14—出水皮管；

15—水冷缆管；16—活动接头；17—水电接头

常见的焊枪喷嘴形状如图 6-37 所示。

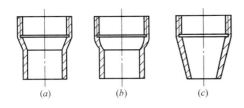

图 6-37 焊枪喷嘴形状

（a）圆柱带锥形；（b）圆柱带球形；（c）圆锥形

（4）供气系统

供气系统由氩气瓶、氩气流量调节器及电磁气阀组成。

1）氩气瓶。外表涂灰色，并用绿漆标以"氩气"字样。氩气瓶最大压力为 15MPa，容积为 40L。

2）电磁气阀。是开闭气路的装置，由延时继电器控制，可起到提前供气和滞后停气的作用。

3）氩气流量调节器。起降压和稳压的作用及调节氩气流量。

（5）冷却系统

用来冷却焊接电缆、焊枪和钨极。如果焊接电流小于 150A 可以不用水冷却。使用的焊接电流超过 150A 时，必须通水冷却，并以水压开关控制。

二、钨极氩弧焊的焊接材料

钨极氩弧焊的焊接材料主要有钨极、氩气和焊丝。

1. 钨极

氩弧焊时钨极作为电极起传导电流、引燃电弧和维持电弧正常燃烧的作用。目前所用的钨极材料主要有以下几种。

（1）纯钨极

其牌号是 W1、W2，纯度 99.85％以上。纯钨极要求焊机空载电压较高，使用交流电时，承载电流能力较差，故目前很少采用。为了便于识别常将其涂成绿色。

（2）钍钨极

138

其牌号是 WTh-10、WTh-15，是在纯钨中加入 $1\% \sim 2\%$ 的氧化钍（ThO_2）而成。钍钨极电子发射率提高，增大了许用电流范围，降低了空载电压，改善引弧和稳弧性能，但是具有微量放射性。为了便于识别常将其涂成红色。

（3）铈钨极

其牌号是 Wce-20，是在纯钨中加入 2% 的氧化铈（CeO）而成。铈钨极比钍钨极更容易引弧，使用寿命长，放射性极低，是目前推荐使用的电极材料。为了便于识别常将其涂成灰色。

2. 钨极的规格

（1）长度范围，在 $76 \sim 610$mm 之间。

（2）常用的直径为 0.5、1.0、1.6、2.0、2.4、3.2、4.0、5.0、6.3、8.0、10mm 等。

（3）钨极端部的形状如图 6-38 所示。

3. 氩气

惰性气体，氩气的密度比空气大，可形成稳定的气流层，覆盖在熔池周围，对焊接区有良好的保护作用。氩弧焊对氩气的纯度要求很高，按我国现行标准规定，其纯度应达到 99.99%。

焊接用氩气以瓶装供应，其外表涂成灰色，并且标注有绿色"氩气"字样。氩气瓶的容积一般为 40L，最高工作压力为 15MPa。使用时，一般应直立放置。

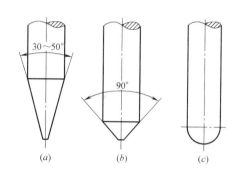

图 6-38　钨极端部的形状

（a）圆锥形 $30 \sim 50°$（直流正极性，200A 以下；当电流在 250A 以上时，钨极前端需磨出约 1mm 小平台）；

（b）圆台形；（c）球形（直流反极性）

4. 焊丝

氩弧焊用焊丝主要分钢焊丝和有色金属焊丝两大类。焊丝可按《气体保护电弧焊用碳钢、低合金钢焊丝》GB/T 8110—2008 和《焊接用不锈钢焊丝》YB/T 5092—1996 选用。焊接有色金属一般采用与母材相当的焊丝。氩弧焊用焊丝直径主要有 0.8、1.0、1.2、1.4、1.5、1.6、2.0、2.4、2.5、4.0、5.0、6.0mm 等种规格，多选用直径 $2.0 \sim 4.0$mm 的焊丝。

三、钨极氩弧焊焊接工艺参数

1. 焊接电源的种类和极性

钨极氩弧焊可以采用交流或直流两种焊接电源，如图 6-39 所示，采用哪种电源与所焊金属或合金种类有关；采用直流电源时还要考虑极性的选择。

直流正接时，钨极是阴极，焊件是阳极。由于阳极温度比阴极温度高，所以此时熔池深而窄，生产率高，焊件的收缩应力和变形都比较小；相反，钨极得到的热量较少，因此不宜过热，烧损少，寿命长，对于同一焊接电流可采用直径较小的钨极。除铝、镁及其合金外，应尽量采用直流正接。

直流反接时，钨极是阳极，焊件是阴极。此时钨极温度高，消耗快，寿命短，所以很

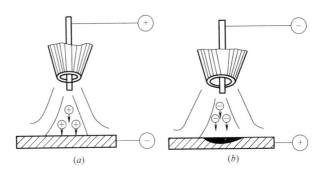

图 6-39 氩弧焊直流焊接电源种类

(a) 直流反接; (b) 直流正接

少采用。但是，它具有一种去除焊缝及其周围母材表面上氧化膜的作用，通常称为"阴极破碎"现象。

交流氩弧焊当电流为负半周时，相当于直流反接，焊件处于阴极，会产生阴极破碎现象，可用来破碎氧化膜，而电流为正半周时，相当于直流正接，钨极为负极，此时钨极的损耗要小得多，故铝、镁及其合金钨极氩弧焊时，一般选择的是交流电源而不是直流反接。表 6-15 给出电源种类的选择。

电源种类和极性的选择　　　　　　　　　　　　　　　　表 6-15

电源种类和极性	被焊金属材料
直流正接	低碳钢、低合金钢、不锈钢、耐热钢和铜、钛及其合金
直流反接	适用各种金属的熔化极氩弧焊,钨极氩弧焊很少采用
交流电源	铝、镁及其合金

2. 钨极直径与焊接电流

钨极直径应根据焊接电流大小而定，焊接电流通常根据焊件的材质、厚度来选择，表 6-16～表 6-18 可作为选择参考。

不同的电源极性和不同的钨极直径所对应的许用电流　　　　表 6-16

许用电流范围（A）　钍钨极直径（mm）　电源极性	1.0	1.6	2.4	3.2	4.0
直流正接	15～80	70～150	150～250	250～400	400～500
直流反接	～	10～20	15～30	25～40	40～55
交流电源	20～60	60～120	100～180	160～250	200～320

不锈钢和耐热钢手工钨极氩弧焊的焊接电流　　　　　　　表 6-17

材料厚度（mm）	钨极直径（mm）	焊丝直径（mm）	焊接电流（A）
1.0	2	1.6	40～70
1.5	2	1.6	40～85
2.0	2	2.0	80～130
3.0	2～3.2	2.0	120～160

表 6-18

材料厚度（mm）	钨极直径（mm）	焊丝直径（mm）	焊接电流（A）
1.5	2	2	70～80
2.0	2～3.2	2	90～120
3.0	3～4	2	120～130
4.0	3～4	2.5～3	120～140

3. 电弧电压

电弧电压主要由弧长决定。电弧长度增加，容易产生未焊透的缺陷，并使保护效果变差，因此应在电弧不短路的情况下，尽量控制电弧长度，一般弧长近似等于钨极直径。

4. 焊接速度

焊接速度通常是由焊工根据熔池的大小、形状和焊件熔合情况随时调节。过快的焊接速度会使气体保护氛围破坏，焊缝容易产生未焊透和气孔；焊接速度太慢时，焊缝容易烧穿和咬边。

5. 氩气流量与喷嘴直径

喷嘴直径的大小，直接影响保护区的范围，一般根据钨极直径来选择。按生产经验：两倍的钨极直径再加上 4mm 即为选择的喷嘴直径。

流量合适时，熔池平稳，表面明亮无渣，无氧化痕迹，焊缝成形美观；流量不合适，熔池表面有渣，焊缝表面发黑或有氧化皮。氩气的合适流量为 0.8～1.2 倍的喷嘴直径。

6. 喷嘴与焊件间的距离

喷嘴与焊件间的距离以 8～14mm 为宜。距离过大，气体保护效果差；若距离过小，虽对气体保护有利，但能观察的范围和保护区域变小。

7. 钨极伸出长度

为了防止电弧热烧坏喷嘴，钨极端部应凸出喷嘴以外，其伸出长度一般为 3～4mm（具体情况视焊接需要而定）。伸出长度过小，焊工不便于观察熔化状况，对操作不利；伸出长度过大，气体保护效果会受到一定的影响。

四、手工钨极氩弧焊操作要点

1. 引弧

通常手工钨极氩弧焊机本身具有引弧装置（高压脉冲发生器或高频振荡器），钨极与焊件并不接触保持一定距离，就能在施焊点上直接引燃电弧。

如没有引弧装置操作时，可使用纯铜板或石墨板作引弧板，在其上引弧，使钨极端头受热到一定温度（约 1s），立即移到焊接部位引弧焊接。这种接触引弧，会产生很大的短路电流，很容易烧损钨极端头。

2. 持枪姿势和焊枪、焊件与焊丝的相对位置

持枪姿势，见图 6-40，焊件与焊丝的相对位置见图 6-41。焊枪、焊件与焊丝的相对位置，一般焊枪与焊板表面成 70°～80° 左右的夹角（视具体情况而定），填充焊丝与焊件表面为 15°～20°。

3. 右焊法和左焊法

右焊法适用于厚件的焊接，焊枪从左向右移动，电弧指向已焊部分，有利于氩气保护焊缝表面不受高温氧化。

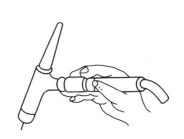

图 6-40　钨极氩弧焊持枪姿势

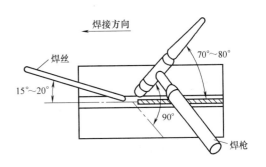

图 6-41　钨极氩弧焊焊件与焊丝的相对位置

左焊法适用于薄件的焊接，焊枪从右向左移动，电弧指向未焊部分有预热作用，容易观察和控制熔池温度，焊缝形成好，操作容易掌握。一般均采用左焊法。

4. 焊丝送进方法

一种方法是以左手的拇指、食指捏住，并用中指和虎口配合托住焊丝便于操作的部位。需要送丝时，将弯曲捏住焊丝的拇指和食指伸直（图 6-42b），即可将焊丝稳稳地送入焊接区，然后借助中指和虎口托住焊丝，迅速弯曲拇指、食指，向上倒换捏住焊丝（图 6-42a），如此反复的填充焊丝。

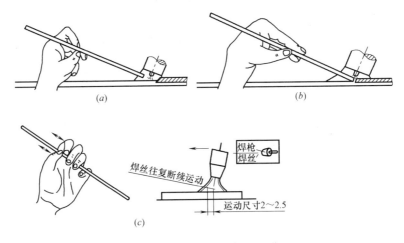

图 6-42　钨极氩弧焊焊丝送进

另一种方法如图 6-42（c）所示夹持焊丝，用左手拇指、食指、中指配合动作送丝，无名指和小手指夹住焊丝控制方向，靠手臂和手腕的上、下反复动作，将焊丝端部的熔滴送入熔池，全位置焊时多用此法。

5. 收弧

一般氩弧焊机都配有电流自动衰减装置，收弧时，通过焊枪手柄上的按钮断续送电来填满弧坑。若无电流衰减装置时，可采用手工操作收弧，其要领是逐渐减少焊件热量，如改变焊枪角度、稍拉长电弧、断续送电等。收弧时，填满弧坑后，慢慢提起电弧直至熄弧，不要突然拉断电弧。

熄弧后，氩气会自动延时几秒钟停气，以防止金属在高温下产生氧化。

需要说明的是，钨极氩弧焊前，对焊件接缝两侧各 20mm 范围的清理要严格。

第五节 气焊与气割

一、气体火焰

气焊与气割是利用可燃气体与助燃气体混合燃烧产生的气体火焰作为热源，进行金属材料的焊接或切割的一种加工工艺方法。可燃气体有乙炔、液化石油气等，助燃气体是氧气。

1. 氧气

在常温和标准大气压下，氧气是一种无色、无味、无毒的气体，氧气的分子式为 O_2，氧气的密度是 $1.429kg/m^3$，比空气略重（空气为 $1.293kg/m^3$）。

氧气本身不能燃烧，但能帮助其他可燃物质燃烧。氧的化学性质极为活泼，它几乎能与自然界一切元素（除惰性气体外）相化合，这种化合作用被称为氧化反应，剧烈的氧化反应称为燃烧。氧气的化合能力是随着压力的加大和温度的升高而增加。因此当工业中常用的高压氧气，如果与油脂等易燃物质相接触时，就会发生剧烈的氧化反应而使易燃物自行燃烧，甚至发生爆炸。因此在使用氧气时，切不可使氧气瓶瓶阀、氧气减压器、焊炬、割炬、氧气皮管等沾染上油脂。

气焊与气割用的工业用氧气按纯度一般分为两级，一级纯度氧气含量不低于 99.2%，二级纯度氧气含量不低于 98.5%。一般情况下，由氧气厂和氧气站供应的氧气可以满足气焊与气割的要求。对于质量要求较高的气焊应采用一级纯度的氧。气割时，氧气纯度不应低于 98.5%。

2. 乙炔

在常温和标准大气压下，乙炔是一种无色而带有特殊臭味的碳氢化合物，其分子式为 C_2H_2。乙炔的密度是 $1.179kg/m^3$，比空气轻。

乙炔是可燃性气体，它与空气混合时所产生的火焰温度为 2350℃，而与氧气混合燃烧时所产生的火焰温度为 3000～3300℃，因此足以迅速熔化金属进行焊接和切割。

乙炔是一种具有爆炸性的危险气体，当压力在 0.15MPa 时，如果气体温度达到 580～600℃，乙炔就会自行爆炸。压力越高，乙炔自行爆炸所需的温度就越低；温度越高，则乙炔自行爆炸的压力就越低。

乙炔与空气或氧气混合而成的气体也具有爆炸性，乙炔的含量（按体积计算）在 2.2%～81% 范围内与空气形成的混合气体，以及乙炔的含量（按体积计算）在 2.8%～93% 范围内与氧气形成的混合气体，只要遇到火星就会立刻爆炸。

乙炔与铜或银长期接触后会生成一种爆炸性的化合物，即乙炔铜（Cu_2C_2）和乙炔银（Ag_2C_2），当它们受到剧烈震动或者加热到 110～120℃ 就会引起爆炸。所以凡是与乙炔接触的器具设备禁止用银或纯铜制造，只准用含铜量不超过 70% 的铜合金制造。乙炔和氯、次氯酸盐等化合会发生燃烧和爆炸，所以乙炔燃烧时，绝对禁止用四氯化碳来灭火。

乙炔能大量溶解于丙酮溶液中，利用这个特性，可将乙炔装入盛有丙酮和多孔性物质的乙炔瓶内储存、运输和使用。

3. 液化石油气

液化石油气是油田开发或炼油厂裂化石油的副产品，其主要成分是丙烷（C_3H_8），大约占 $50\% \sim 80\%$，其余是丁烷（C_4H_{10}）、丙烯（C_3H_6）等碳氢化合物。在常温和标准大气压下，液化石油气是一种略带臭味的无色气体，液化石油气的密度为 $1.8 \sim 2.5 kg/m^3$，比空气重。如果加上 $0.8 \sim 1.5MPa$ 的压力，就变成液态，便于装入瓶中储存和运输，液化石油气由此而得名。

液化石油气与乙炔一样，也能与空气或氧气构成具有爆炸性的混合气体，但具有爆炸危险的混合比值范围比乙炔小得多。它在空气中爆炸范围为 $3.5\% \sim 16.3\%$（体积），同时由于燃点比乙炔高（$500℃$左右，乙炔为 $305℃$），因此，使用时比乙炔安全得多。

目前，国内外已把液化石油气作为一种新的可燃气体来逐渐代替乙炔，广泛地应用于钢材的气割和低熔点的有色金属焊接中，如黄铜焊接、铝及铝合金焊接和铅的焊接等。

4. 其他可燃气体

随着工业的发展，人们在探索各种各样的乙炔代用气体，目前作为乙炔代用气体中液化石油气（主要是丙烷）用量最大。此外还有丙烯、天然气、焦炉煤气、氢气以及丙炔、丙烷与丙烯的混合气体，乙炔与丙烯的混合气体，乙炔与丙烷的混合气体，乙炔与乙烯的混合气体等。还有以丙烷、丙烯、液化石油气为原料，再辅以一定比例的添加剂的气体。另外汽油经雾化后也可作为可燃气体。

根据使用效果、成本、气源情况等综合分析，液化石油气（主要是丙烷）是比较理想的代用气体。

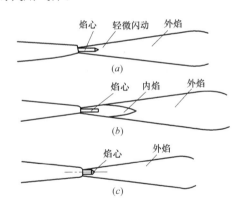

图 6-43　氧-乙炔焰的构造示意图
（a）中性焰；（b）碳化焰；（c）氧化焰

5. 氧-乙炔焰

根据氧与乙炔混合比不同，可得到性质不同的中性焰、碳化焰和氧化焰，其构造如图6-43所示。

（1）中性焰

中性焰是氧与乙炔混合比为 $1.1 : 1.2$ 时燃烧所形成的火焰。中性焰燃烧后的气体中既无过剩氧，也无过剩的乙炔。在焰心的外表面分布着乙炔分解所生成的碳微粒层，因受高温而使焰心形成光亮而明显的轮廓；在内焰处，乙炔和氧气燃烧生成的一氧化碳及氢气形成还原气氛，在与熔化金属相互作用时，能使氧化物还原。中性焰的最高温度在距焰心 $2 \sim 4mm$ 处，约为 $3050 \sim 3150℃$。用中性焰焊接时主要利用内焰这部分火焰加热焊件。

（2）碳化焰

碳化焰是氧与乙炔的混合比小于 1.1 时燃烧所形成的火焰。火焰中含有游离碳，具有较强的还原作用，也有一定的渗碳作用。碳化焰整个火焰比中性焰长，碳化焰中有过剩的乙炔，并分解成游离状态的碳和氢，碳渗到熔池中使焊缝的含碳量增加，塑性下降；氢进入熔池使焊缝产生气孔和裂纹。碳化焰的最高温度为 $2700 \sim 3000℃$。

（3）氧化焰

氧化焰是氧与乙炔的混合比大于 1.2 时燃烧所形成的火焰。氧化焰中有过剩的氧，具有氧化性，火焰的氧化反应剧烈，火焰较短，内焰和外焰层次不清。氧化焰最高温度为 3100~3300℃。

6. 氧液化石油气火焰

氧液化石油气火焰的构造，同氧乙炔火焰基本一样，也分为氧化焰、碳化焰和中性焰三种。其焰心也有部分分解反应，不同的是焰心分解产物较少，内焰不像乙炔那样明亮，而有点发蓝，外焰则显得比氧乙炔焰清晰而且较长。氧液化石油气的温度比乙炔焰略低，温度可达 2800~2850℃。目前氧液化石油气火焰主要用于气割，并部分的取代了氧乙炔焰。

二、气焊

1. 气焊及特点

气焊是利用气体火焰作为热源的一种熔焊方法。它借助可燃气体与助燃气体混合燃烧产生的气体火焰，将接头部位的母材和焊丝熔化，使被熔化的金属形成熔池，冷却凝固后形成牢固接头，从而使两焊件连接成一个整体。常用氧气和乙炔混合燃烧的火焰进行焊接，故又称为氧-乙炔焊。其设备如图 6-44 所示。

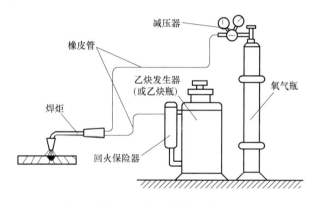

图 6-44　气焊设备示意图

（1）气焊的优点

1）设备简单，操作方便，成本低，适应性强，在无电力供应的地方可方便焊接。

2）可以焊接薄板、小直径薄壁管。

3）焊接铸铁、有色金属、低熔点金属及硬质合金时质量较好。

（2）气焊的缺点

1）火焰温度低，加热分散，热影响区宽，焊件变形大和过热严重，接头质量不如焊条电弧焊容易保证。

2）生产率低，不易焊较厚的金属。

3）难以实现自动化。

2. 气焊焊接材料

（1）焊丝

气焊用的焊丝在气焊中起填充金属作用，与熔化的母材一起形成焊缝。因此焊缝金属

的质量在很大程度上取决于焊丝的化学成分和质量。对气焊丝的一般要求是:

1)焊丝的熔点等于或略低于被焊金属的熔点。

2)焊丝所焊焊缝应具有良好的力学性能,焊缝内部质量好,无裂纹、气孔、夹渣等缺陷。

3)焊丝的化学成分应基本上与焊件相符,无有害杂质,以保证焊缝有足够的力学性能。

4)焊丝熔化时应平稳,不应有强烈的飞溅或蒸发。

5)焊丝表面应洁净,无油脂、油漆和锈蚀等污物。

常用的气焊丝有碳素结构钢焊丝、合金结构钢焊丝、不锈钢焊丝、铜及铜合金焊丝、铝及铝合金焊丝和铸铁气焊丝等。

(2)气焊熔剂

气焊熔剂是气焊时的助熔剂。气焊熔剂熔化反应后,能与熔池内的金属氧化物或非金属夹杂物相互作用生成熔渣,覆盖在熔池表面,使熔池与空气隔离,因而能有效防止熔池金属的继续氧化,改善焊缝的质量。对气焊熔剂的要求是:

1)气焊熔剂应具有很强的反应能力,能迅速溶解某些氧化物或与某些高熔点化合物作用后生成新的低熔点和易挥发的化合物。

2)气焊熔剂熔化后黏度要小,流动性要好,产生的熔渣熔点要低,密度要小,熔化后容易浮于熔池表面。

3)气焊熔剂能减少熔化金属的表面张力,使熔化的填充金属与焊件更容易熔合。

4)气焊熔剂不应对焊件有腐蚀等副作用,生成的熔渣要容易清除。

气焊熔剂可以在焊前直接撒在焊件坡口上或者粘在气焊丝上加入熔池。焊接有色金属(如铜及铜合金、铝及铝合金)、铸铁、耐热钢及不锈钢等材料时,通常必须采用气焊熔剂。

3. 气焊设备及工具

气焊设备及工具主要有氧气瓶、乙炔瓶、液化石油气瓶、减压器、焊炬及输气胶管等。

(1)氧气瓶、乙炔瓶、液化石油气瓶

氧气瓶、乙炔瓶、液化石油气瓶是分别贮存和运输氧气、乙炔、液化石油气的压力容器。氧气瓶外表涂天蓝色,瓶体上用黑漆标注"氧气"字样;乙炔瓶外表涂白色,并用红漆标注"乙炔"字样;气瓶外表面涂银灰色漆并用红漆标注"液化石油气"字样。

(2)减压器

由于氧气瓶内的氧气压力最高达 15MPa,乙炔瓶内的乙炔压力最高达 1.5MPa 减压器,而气焊工作时氧气的压力一般为 0.1~0.4MPa,乙炔的压力最高不超过 0.15MPa,所以必须要有一种调节装置将气瓶内的高压气体降为工作时的低压气体,并保持工作时压力稳定,这种调节装置叫做减压器,又称压力调节器。

减压器按用途不同可分为氧气减压器、乙炔减压器、液化石油气减压器等;按构造不同可分为单级式和双级式两类;按工作原理不同可分为正作用式和反作用式两类。目前常用的是单级反作用式减压器,其结构如图 6-45 所示。

(3)焊炬

146

焊炬是气焊时用于控制气体混合比、流量及火焰并进行焊接的工具。焊炬按可燃气体与氧气混合的方式不同，可分为射吸式焊炬（也称低压焊炬）和等压式焊炬两类。现在常用的是射吸式焊炬（图 6-46），等压式焊炬可燃气体的压力和氧气的压力相等，不能用于低压乙炔，所以目前尚未广泛使用。两类焊炬的特点及原理结构见表 6-19。

对于新使用的射吸式焊炬，必须检查其射吸情况。即接上氧气胶管，拧开氧气阀和乙炔阀，将手指轻轻按在乙炔进气管接头上，若感到有一股吸力，则表明射吸能力正常，若没有吸力，甚至氧气从乙炔接头上倒流，则表明射吸能力不正常，则禁止使用。

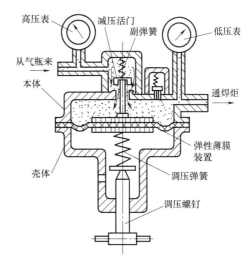

图 6-45　单级反作用式减压器

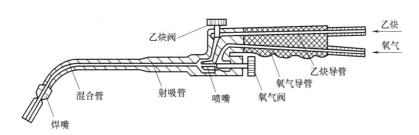

图 6-46　射吸式焊炬

焊炬的特点及原理结构　　　　　　　　　　表 6-19

焊炬种类	工作原理	特点
射吸式焊炬	射吸作用是利用高压氧从喷嘴口快速射出，并在喷嘴外围造成吸力吸出乙炔，从而调节乙炔、氧气的流量，保证乙炔与氧气按一定比例混合	工作压力在 0.001MPa 以上即可，通用性强，低、中压乙炔都可用。但较易回火
等压式焊炬	乙炔靠自己的压力与氧同时进入混合气管，自然混合后，从喷嘴喷出，因此乙炔与氧气的压力应相等或相近	结构简单，火焰燃烧稳定，回火可能性较射吸式焊炬小。但不能用于低压乙炔

（4）输气胶管

氧气瓶和乙炔瓶中的气体，须用橡皮管输送到焊炬或割炬中。根据《焊接与切割安全》GB 9448—1999 标准规定，氧气管为黑色，乙炔管为红色。通常氧气管内径为 8mm，乙炔管内径为 10mm，氧气管与乙炔管强度不同，氧气管允许工作压力为 1.5MPa，乙炔管为 0.3MPa。连接于焊炬胶管长度不能短于 5m，但太长了会增加气体流动的阻力，一般在 10～15m 为宜。焊炬用橡皮管禁止油污及漏气，并严禁互换使用。

（5）其他辅助工具

1）护目镜。气焊时使用护目镜，主要是保护焊工的眼睛不受火焰亮光的刺激，以便在焊接过程中能够仔细地观察熔池金属，又可防止飞溅金属微粒溅入眼睛内。护目镜的镜片颜色和深浅，根据焊工的需要和被焊材料性质进行选用。颜色太深太浅都会妨碍对熔池的观察，影响工作效率，一般宜用3～7号的黄绿色镜片。

2）点火枪。使用手枪式点火枪点火最为安全方便。当用火柴点火时，必须把划着了的火柴从焊嘴的后面送到焊嘴或割嘴上，以免手被烧伤。

此外，还有清理工具，如钢丝刷、手锤、锉刀；连接和启闭气体气路的工具，如钢丝钳、铁丝、皮管夹头、扳手等及清理焊嘴的通针。

4. 气焊工艺参数

气焊工艺参数是保证焊接质量的主要技术依据。它包括焊丝的型号、牌号及直径、气焊熔剂、火焰的性质及能率、焊炬的倾斜角度、焊接方向、焊接速度和接头形式等。

（1）接头形式

气焊可以在平、立、横、仰各种空间位置进行焊接，接头形式主要采用有对接接头、角接接头，卷边接头一般只在薄板焊接时使用，接头形式如图6-47所示。搭接接头、T形接头很少采用。对接接头时，当板厚大于5mm时应开坡口。

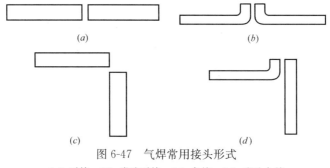

图6-47　气焊常用接头形式
（a）对接；（b）卷边对接；（c）角接；（d）卷边角接

（2）焊丝

焊丝的型号、牌号选择应根据焊件材料的力学性能或化学成分，选择相应性能或成分的焊丝。焊丝直径主要根据焊件的厚度来决定，见表6-20。

焊丝直径与焊件厚度的关系　　　　　　　　　　　　表6-20

焊件厚度(mm)	1～2	2～3	3～5	5～10	10～15
焊丝直径(mm)	1～2或不用焊丝	2～3	3～3.2	3.2～4	4～5

若焊丝直径过细，焊接时焊件尚未熔化，而焊丝已很快熔化下滴，容易造成熔合不良等缺陷；相反，如果焊丝直径过粗，焊丝加热时间增加，使焊件过热就会扩大热影响区，同时导致焊缝产生未焊透等缺陷。

在开坡口焊件的第一、二层焊缝焊接，应选用较细的焊丝，以后各层焊缝可采用较粗焊丝。焊丝直径还和焊接方向有关，一般右向焊时所选用的焊丝要比左向焊时粗些。

（3）气焊熔剂

气焊熔剂的选择要根据焊件的成分及其性质而定，一般碳素结构钢气焊时不需要气焊熔剂，而不锈钢、耐热钢、铸铁、铜及铜合金、铝及铝合金气焊时，则必须采用气焊熔剂。

（4）火焰的性质及能率

1）火焰的性质。气焊火焰的性质应该根据材料的种类来选择。中性焰适用于焊接一般低碳钢和要求焊接过程对熔化金属不渗碳的金属材料，如不锈钢、紫铜、铝及铝合金等；碳化焰对焊缝金属具有渗碳作用，故碳化焰只适用含碳较高的高碳钢、铸铁、硬质合金及高速钢的焊接；一般碳钢和有色金属，很少采用氧化焰，但焊接黄铜用含硅焊丝时，氧化焰会使熔化金属表面覆盖一层硅的氧化膜可阻止黄铜中锌的蒸发，故宜采用氧化焰。

2）火焰的能率。

气焊火焰能率主要是根据每小时可燃气体（乙炔）的消耗量（L/h）来确定。在保证焊接质量的前提下，应尽量选择较大的火焰能率，以提高生产率。一般焊件较厚，金属材料熔点较高、导热性较好（如铜、铝及合金），焊缝处于平焊位置时，应选择较大的火焰能率。

在气焊低碳钢和低合金钢时，可按下列经验来计算火焰能率：

左向焊法乙炔的消耗量＝（100～120）×焊件厚度（L/h）

右向焊法乙炔的消耗量＝（120～150）×焊件厚度（L/h）

（5）左向焊法和右向焊法

气焊时，通常用左手拿焊丝，右手持焊炬，两手动作应协调，沿焊缝向左或向右焊接，气焊示意图如图 6-48 所示。

三、气割

气割是利用气体火焰的能量将金属分离的一种加工方法，是生产中钢材分离的重要手段。气割技术几乎是和焊接技术同时诞生的一对相互促进、相互发展的"孪生兄弟"，构成了钢铁一裁一缝。

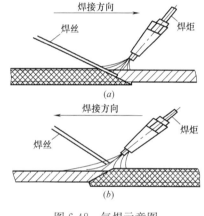

图 6-48 气焊示意图

1. 气割原理

气割是利用气体火焰的热能，将工件切割处预热到燃烧温度后，喷出高速切割氧流，使其燃烧并放出热量实现切割的方法。氧气切割过程是预热－燃烧－吹渣过程，其实质是铁在纯氧中的燃烧过程，而不是金属熔化过程。

2. 气割的条件

金属气割的主要条件是：

（1）金属在氧气中的燃烧点应低于熔点，这是氧气切割过程能正常进行的最基本条件。

（2）金属气割时形成氧化物的熔点应低于金属本身的熔点。氧气切割过程产生的金属氧化物的熔点必须低于该金属本身的熔点，同时流动性要好，这样的氧化物能以液体状态从割缝处被吹除。常用金属材料及其氧化物的熔点见表 6-21。

（3）金属在切割氧射流中燃烧应该是放热反应，使所放出的热量足以维持切割过程继续进行而不中断。

（4）金属的导热性不应太高，否则预热火焰及气割过程中氧化所析出的热量会被传导散失，使气割不能开始或中途停止。

金属材料	金属熔点(℃)	氧化物的熔点(℃)
纯铁	1535	1300～1500
低碳钢	1500	1300～1500
高碳钢	1300～1400	1300～1500
灰铸铁	1200	1300～1500
铜	1084	1230～1336
铅	327	2050
铝	658	2050
铬	1550	1990
镍	1450	1990
锌	419	1800

3. 常用金属的气割性

（1）纯铁和低碳钢能满足上述要求，所以能很顺利地进行气割。

（2）铸铁不能用氧气气割，原因是它在氧气中的燃点比熔点高很多，同时产生高熔点的二氧化硅（SiO_2），而且氧化物的黏度也很大，流动性又差，切割氧流不能把它吹除。此外，由于铸铁中含碳量高，碳燃烧后产生一氧化碳和二氧化碳冲淡了切割氧射流，降低了氧化效果，使气割发生困难。

（3）高铬钢和铬镍钢会产生高熔点的氧化铬和氧化镍（约 1990℃），遮盖了金属的割缝表面，阻碍下一层金属燃烧，也使气割发生困难。

（4）铜、铝及其合金燃点比熔点高，导热性好，加之铝在切割过程中产生高熔点二氧化铝（约 2050℃），而铜产生的氧化物放出的热量较低，都使气割发生困难。

目前，铸铁、高铬钢、铬镍钢、铜、铝及其合金均采用等离子弧切割。

4. 气割设备与工具

气割设备及工具主要有氧气瓶、乙炔瓶、液化石油气瓶、减压器、割炬（或气割机）等。氧气瓶、乙炔瓶、液化石油气瓶、减压器与气焊用的相同。手工气割时使用的是手工割炬，机械化设备使用的是气割机。

（1）割炬

割炬是进行火焰气割的主要工具。同焊炬一样，割炬按可燃气体与氧气混合的方式不同，也分为射吸式割炬和等压式割炬两种，射吸式割炬应用最为普遍。射吸式割炬是在射吸式焊炬的基础上，增加了由切割氧调节阀、切割氧气管以及割嘴等组成的切割部分，其结构如图 6-49 所示。乙炔是靠预热火焰的氧气射入射吸管而被吸入射吸管内。这种割炬低、中压乙炔都可用。

割嘴的构造与焊嘴不同，如图 6-50 所示。焊嘴上的喷射孔是小圆孔，所以气焊火焰呈圆锥形；而射吸式割炬的割嘴按结构形式不同，混合气体的喷射孔有环形和梅花形两种。

等压式割炬的可燃气体、预热氧分别由单独的管路进入割嘴内混合。由于可燃气体是靠自己的压力进入割炬，所以它不适用低压乙炔，而须采用中压乙炔。等压式割炬具有气

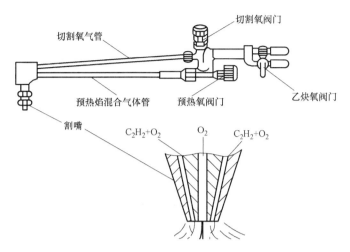

图 6-49　射吸式割炬构造原理

体调节方便、火焰燃烧稳定、回火可能性较射吸式
割炬小等优点，其应用量越来越大，国外应用量比
国内大。

（2）气割机

气割机是代替手工割炬进行气割的机械化设
备。它比手工气割的生产率高，割口质量好，劳动
强度和成本都较低。近年来，由于计算机技术发
展，数控气割机也得到了广泛应用。常用的气割机
有半自动气割机、仿形气割机、光电跟踪气割机和
数控气割机等。

5. 气割工艺参数

气割工艺参数主要包括气割氧压力、气割速
度、预热火焰能率、割嘴与割件的倾斜角度、割嘴
离割件表面的距离等。

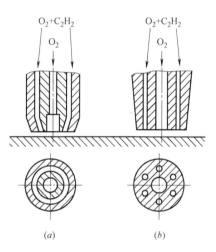

图 6-50　割嘴的形状
（a）环形割嘴；（b）梅花形割嘴

（1）气割氧压力

选择氧气压力的依据一般是随割件厚度的增大而加大，或随割嘴代号的增大而加大。
在割件厚度、割嘴代号、氧气纯度均已确定的条件下，气割氧压力的大小对气割质量有直
接的影响。

如氧气压力不够，氧气供应不足，会引起金属燃烧不完全，降低气割速度，不能将
熔渣全部从割缝处吹除，使割缝的背面留下很难清除的挂渣，甚至还会出现割不透的
现象。

如果氧气压力太高，则过剩的氧气对割件有冷却作用，使割口表面粗糙，割缝加大，
气割速度减慢，氧气消耗量也增大。

（2）气割速度

气割速度主要也取决于切割件的厚度。割件越厚，割速越慢。切割厚大断面的工件，

还要增加横向摆动；但割速太慢，会使割缝边缘不齐，甚至产生局部熔化现象，割后清渣困难。割件越薄，割速越快。但也不能过快，否则，会产生很大的后拖量或割不透现象。气割速度的正确与否，主要根据割缝的后拖量来判断。

所谓的"后拖量"是指气割面上的气割氧流轨迹的始、终点在水平方向上的距离。

气割时产生后拖量的主要原因如下：

1）切口上层金属在燃烧时产生的气体冲淡了气割氧气流，使下层金属燃烧缓慢。

2）下层金属无预热火焰的直接作用，因而使火焰不能充分地对下层金属加热，使割件下层不能剧烈燃烧。

3）割件下层金属离割嘴距离较远，氧流射线直径增大，吹除氧化物的动能降低。

4）割速太快，来不及将下层金属氧化而造成后拖量。

气割的后拖量是不可避免的，尤其是在气割厚钢板时更为显著。因此，采用的气割速度应该以割缝产生的后拖量较小为原则，以保证气割质量。

（3）预热火焰能率

气割时，预热火焰应架用中性焰或轻微氧化焰。碳化焰不能采用，因为碳化焰中有游离碳存在，会使割缝边缘增碳。在切割过程中，要注意随时调整预热火焰，防止火焰性质发生变化。

预热火焰能率的大小与割件厚度有关。割件越厚，火焰能率应越大。但是在气割厚板时火焰能率的大小要适宜，如果此时火焰能率选择过大，会使割缝上缘产生连续的珠状钢粒，甚至熔化成圆角，同时还造成割缝背面粘附的熔渣增多，从而影响气割质量。火焰能率选择过小，割件得不到足够的热量，会使割速减慢而中断气割工作。

（4）割嘴与割件的倾斜角

倾角的大小要随割件厚度而定。

（5）割嘴离割件表面的距离

选择割嘴离割件的距离时，要根据预热火焰的长度和割件厚度确定。在通常情况下火焰焰心距割件表面为 3～5mm。当割件厚度小于 20mm 时，火焰可长些，距离可适当加大；当割件厚度大于或等于 20mm 时，由于气割速度慢，为了防止割缝上缘熔化，火焰可短些，距离应适当减小。这样，可以保持气割氧流的挺直度和氧气的纯度，使气割质量得到提高。

除了气割工艺参数，气割质量的好坏还与割件材质质量及表面状况（氧化皮、涂料等）、割缝的形状（直线、曲线和坡口等）等因素有关。

6. 回火

气焊、气割时发生气体火焰进入喷嘴内逆向燃烧的现象称为回火。发生回火的根本原因是混合气体从焊、割炬的喷射孔内喷出的速度小于混合气体燃烧速度。若发生回火，应先迅速关闭乙炔调节阀门，再关闭氧气调节阀门，切断乙炔和氧气来源。待火熄灭后焊、割嘴不烫手时方可重新进行气焊、气割。

7. 其他切割方法介绍

金属切割方法很多，表 6-22 介绍了其他常用切割方法及应用。

切割方法	特 点	应 用 范 围
等离子弧切割	利用等离子弧的热量实现切割	可以切割各种高熔点金属及其他切割方法不能切割的金属,如不锈钢、耐热钢、钛、钼、钨、铸铁、铜、铝及其合金等,还能切割各种非导电材料,如耐火砖、混凝土、花岗石、碳化硅等
氢氧源切割	利用水电解产生的氢气和氧气完全燃烧,来用于切割	水电解氢氧焊割机有利于实现一机多用,形式多样。如可一机实现电焊、气焊、切割、喷涂等
激光切割	利用激光束的热能实现切割	对氧乙炔焰难以切割的不锈钢、钛、铝、铜、锆及其合金等材料皆可采用激光切割,甚至对木材、纸、布、塑料、橡胶以及岩石、混凝土等非金属材料也能进行切割
水射流切割	利用高压水射流进行切割	适用于切割各种金属和非金属,尤其是其他加工方法难以加工的硬质合金和陶瓷材料
汽油切割	利用汽油雾化或气化后与氧混合燃烧形成的火焰实现切割	实现碳钢和低合金钢的切割,还可以进行有色金属的钎焊
碳弧气刨	使用石墨棒与工件间产生电弧将金属熔化,并用压缩空气将其吹掉,实现切割	用于清理焊根,清除焊缝缺陷,开焊接坡口(特别是U形坡口),清理铸件的毛边、浇冒口及缺陷,还可用于无法用氧乙炔切割的各种金属材料切割
电弧气刨	利用药皮在电弧高温下产生的喷射气流,吹除熔化金属达到刨割的目的	常用于焊缝返修及局部切割,尤其在野外作业及工位狭窄处
氧熔剂切割	在切割氧流中,加入纯铁粉或其他熔剂,利用它们的燃烧热和造渣作用实现切割	不锈钢、铸铁、铜、铝及其合金等的切割

第七章 焊后检查

第一节 焊缝外观缺陷检查

一、外观检查

焊缝的外观检查特别重要，它对结构的承载力的影响很大，所以必须慎重进行检查。焊缝外观检查的主要内容如下：

（1）表面形状。包括焊缝表面的不规则、弧坑处理情况、焊缝的连接点、焊脚不规则的形状等。

（2）焊缝尺寸。包括对接焊缝的余高、宽度、角焊缝的焊脚尺寸等。

（3）焊缝表面缺陷。包括咬边、裂纹、焊瘤、弧坑、气孔等。

焊缝外观检查，除用肉眼观察外，如肉眼看不清时可用5～20倍的放大镜。焊缝外形尺寸还可采用焊缝检查尺或样板进行测量。

二、焊缝外观质量检验项目和要求

1. 焊缝分类

根据产品构件的受力情况以及重要性，把焊缝分为 A、B、C、D 四大类。具体分类见表7-1。

焊缝分类 表7-1

焊缝区分		焊缝类别	适用部位及例子
焊缝类型	对接焊缝/角接焊缝	A	承受动载、冲击载荷，直接影响产品的安全及可靠性，作为高强度结构件的焊缝（如：泵车臂架、支腿、布料杆立柱、挖掘机动臂、料斗等）
		B	承受高压的焊缝（如：液压油缸、高压油管等焊缝）
		C	受力较大、影响产品外观质量或低压密封类焊缝（如：泵送公司付梁、料斗、油箱、水箱等焊缝）
		D	承载很小或不承载，不影响产品的安全及外观质量的焊缝

2. 焊缝质量等级

焊缝外观质量检验要求表中所列项目，每个项目分三个等级：其中Ⅰ级为优秀，Ⅱ级为良好，Ⅲ级为合格。对接焊缝见表7-2，角接焊缝见表7-3。

表中符号说明如下：

a：角焊缝的公称喉厚（角焊缝厚度）；

b：焊缝余高的宽度；

d：气孔的直径；

h：缺陷尺寸（高度或宽度）；

s：对接焊缝公称厚度（或在不完全焊透的场合下规定的熔透深度）；

t：壁厚或板厚；

K：角焊缝的焊脚尺寸（在直角等腰三角形截面中 $K=a\sqrt{2}$）；

C：焊缝宽度。

对接焊缝外观质量检验项目和要求　　　　表 7-2

No.	项目	项目说明(图示)	质量等级	焊缝类型			
				A	B	C	D
1	表面气孔	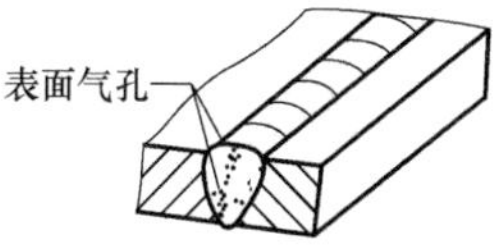 表面气孔	I	不允许		可视面不允许,非可视面允许单个小的气孔,气孔直径 $d\leqslant0.25t\leqslant1.5$	
			II				
			III				
2	表面夹渣	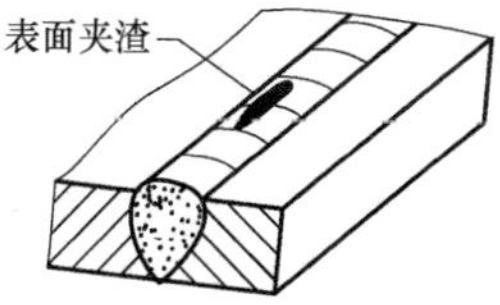 表面夹渣	I	不允许			
			II	不允许		50mm 焊缝长度上,只允许单个夹渣,且直径不大于 1/4 板厚,最大不超过 2(密封焊缝不允许夹渣)	50mm 焊缝长度上,只允许单个夹渣,且直径不大于 1/4 板厚,最大不超过 3mm
			III	不允许		50mm 焊缝长上,只允许单个夹渣,且直径不大于 1/3 板厚,最大不超过 3mm(封焊缝不允许夹渣)	50mm 焊接长上,只允许单个夹渣,且直径不大于 1/3 板厚,最大不超过 4mm
3	飞溅	沿焊缝方向 100mm×50mm 中 $\Phi1$ 以上的飞溅数量 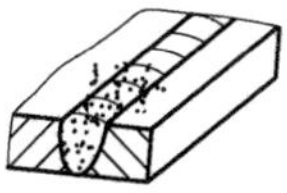	I	不允许		可视面不允许有飞溅,非可视面在 100×50 的范围内,$\phi1$ 以上的飞溅数量不超过一个	
			II				
			III				

No.	项目	项目说明(图示)	质量等级	焊缝类型			
				A	B	C	D
4	裂纹	在焊缝金属及热影响区内的裂纹	I	不允许			
			II				
			III				
5	弧坑缩孔	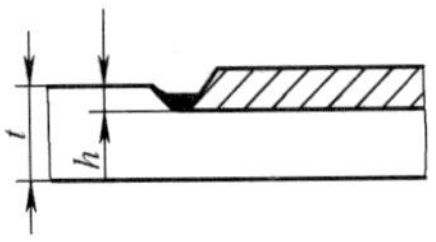	I	不允许			
			II	不允许		①0.5≤t≤3 之间,弧坑深度 $h≤0.2δ$;②$t≥3$,弧坑深度 $a≤0.1h≤2$	
			III				
6	电弧擦伤	由于在坡口外引弧或起弧而造成焊缝邻近母材表面处局部损伤 电弧擦伤 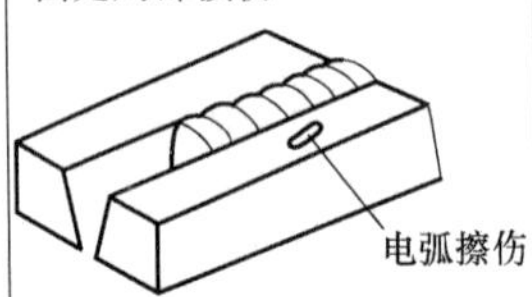	I	不允许在焊缝接头的外面及母材表面			
			II	不允许在焊缝接头的外面及母材表面		局部出现应打磨,打磨后呈光滑过渡,打磨处的实际板厚不小于设计规定的最小值	
			III	局部出现应打磨,打磨后呈光滑过渡,打磨后实际板厚不小于设计规定的最小值			
7	焊缝成形		I	焊缝与母材圆滑过渡,焊波均匀、细密,接头匀直			
			II	焊缝与母材圆滑过渡,匀直,接头良好			
			III	焊缝与母材圆滑过渡,接头良好			
8	焊缝余高	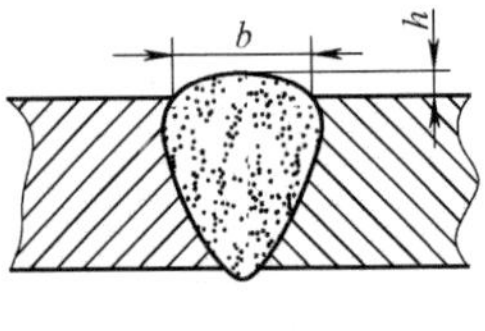	I	$h≤1+0.05b$ 允许局部超过	$h≤1+0.1b$	$h≤1+0.1b$	$h≤1+0.15b$
			II	$h≤1+0.1b$	$h≤1+0.1b$ 允许局部微小超过	$h≤1+0.15b$ 允许局部微小超过	$h≤1+0.2b$ 允许局部微小超过
			III	$h≤1+0.15C$	$h≤1+0.15b$ 允许局部超过	$h≤1.2+0.15b$ 允许局部超过	$h≤1+0.2b$ 允许局部超过
9	未焊满凹坑	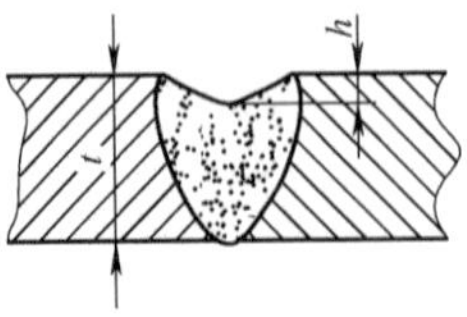 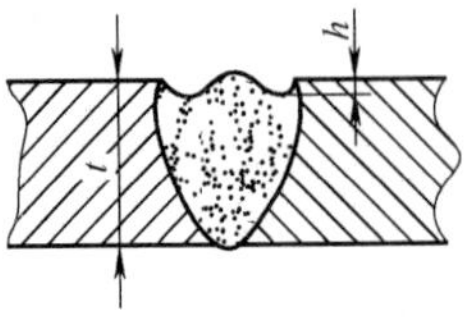	I	不允许			$h<0.2+0.02t≤0.6$ 总长度不超过焊缝全场的15%
			II	不允许		$h<0.2+0.03t≤0.5$ 总长度不超过焊缝全长的10%	$h<0.2+0.04t≤1.0$ 总长度不超过焊缝全长的15%
			III	不允许		$h<0.2+0.04t≤1.0$ 总长度不超过焊缝全长的15%	$h<0.2+0.06t≤1.5$ 总长度不超过焊缝全长的20%

No.	项目	项目说明(图示)	质量等级		焊缝类型			
					A	B	C	D
10	错边	① 单面焊缝 ② 双面焊缝	Ⅰ	①	$h\leqslant 0.10t$ $\leqslant 0.5$	$h\leqslant 0.10t$ $\leqslant 1$	$h\leqslant 0.10t$ $\leqslant 1$	$h\leqslant 0.10t$ $\leqslant 1.5$
				②	$h\leqslant 0.10t\leqslant 1$	$h\leqslant 0.10t$ $\leqslant 1.5$	$h\leqslant 0.10t$ $\leqslant 2$	$h\leqslant 0.10t$ $\leqslant 2$
			Ⅱ	①	$h\leqslant 0.10t$ $\leqslant 1.5$	$h\leqslant 0.10t$ $\leqslant 1.5$	$h\leqslant 0.15t$ $\leqslant 1.5$	$h\leqslant 0.15t$ $\leqslant 2$
				②	$h\leqslant 0.10t$ $\leqslant 2$	$h\leqslant 0.10t$ $\leqslant 2$	$h\leqslant 0.15t$ $\leqslant 3$	$h\leqslant 0.15t$ $\leqslant 3$
			Ⅲ	①	$h\leqslant 0.15t$ $\leqslant 2$	$h\leqslant 0.15t$ $\leqslant 2$	$h\leqslant 0.15t$ $\leqslant 2$	$h\leqslant 0.15t$ $\leqslant 3$
				②	$h\leqslant 0.15t$ $\leqslant 3$	$h\leqslant 0.15t$ $\leqslant 3$	$h\leqslant 0.2t$ $\leqslant 3$	$h\leqslant 0.2t$ $\leqslant 4$
11	焊瘤		Ⅰ		不允许			
			Ⅱ		总长度不超过焊缝全长的 5%,单个焊瘤深度 h $\leqslant 0.3$			
			Ⅲ		总长度不超过焊缝全长的 10%以内,单个焊瘤深度 不超过 $h\leqslant 0.3$			
12	咬边		Ⅰ		不允许	不允许	$h\leqslant 0.03t\leqslant 0.5$ 总长度 不超过焊缝全长的 10%	
			Ⅱ		$h\leqslant 0.03t\leqslant 0.5$ 总长度 不超过焊缝全长的 10%		$h\leqslant 0.03t\leqslant 0.5$ 总长度 不超过焊缝全长的 15%	
			Ⅲ		$h\leqslant 0.03t\leqslant 0.5$ 总长度 不超过焊缝全长的 20%		$h\leqslant 0.03t\leqslant 0.5$ 总长度 不超过焊缝全长的 20%	
13	焊缝沿长度方向宽窄差	$\Delta C_{max}-C_{min}$	Ⅰ		任意 300mm 内:①$C\leqslant 20$,$\Delta C\leqslant 2.5$; ②$20<C\leqslant 30$,$\Delta C\leqslant 3$; ③$C>30$,$\Delta C\leqslant 4$; 且在整个焊缝长度范围内不大于 5			
			Ⅱ					
			Ⅲ					
14	焊缝宽度尺寸偏差	$\Delta C=C_1-C$ $C1$ 为实际焊缝宽度, C 为设计焊缝宽度	Ⅰ		①$C\leqslant 20$,$\Delta C=0\sim 2$; ②$20<C\leqslant 30$,$\Delta C=0\sim 2.5$; ③$C>30$,$\Delta C=0\sim 3$			
			Ⅱ					
			Ⅲ		①$C\leqslant 20$,$\Delta C=0\sim 3$; ②$20<C\leqslant 30$,$\Delta C=0\sim 4$; ③$C>30$,$\Delta C=0\sim 5$			

No.	项目	项目说明(图示)	质量等级	焊缝类型 A	B	C	D
15	焊缝边线直线度	*f*:任意300mm焊缝内，焊缝边缘沿轴向的直线度	I	$f\leqslant1.5$			$f\leqslant2$
			II	$f\leqslant2$			$f\leqslant2.5$
			III	$f\leqslant2.5$			$f\leqslant3$
16	焊缝表面凹凸	$g=H_{max}-H_{min}$ *g*为任意25mm焊缝长度范围内，焊缝余高$h_{max}-h_{min}$的差值	I	$g\leqslant1$			$g\leqslant1.5$
			II	$g\leqslant1.5$			$g\leqslant2$
			III	$g\leqslant2$			$g\leqslant2.5$
17	根部收缩(缩沟)		I	不允许	不允许	不允许	不允许
			II	不允许	$h\leqslant0.2+0.02t\leqslant0.5$，总长度不超过焊缝全长的10%，局部$h\leqslant0.6$	$h\leqslant0.2+0.02t\leqslant0.5$，总长度不超过焊缝全长的10%，局部$h\leqslant0.8$	$h\leqslant0.2+0.02t\leqslant0.6$，总长度不超过焊缝全长的10%，局部$h\leqslant1$
			III	$h\leqslant0.2+0.02t\leqslant0.6$，总长度不超过焊缝全长的10%	$h\leqslant0.2+0.04t\leqslant0.8$，总长度不超过焊缝全长的10%，局部$h\leqslant1$	$h\leqslant0.2+0.04t\leqslant0.8$，总长度不超过焊缝全长的10%，局部$h\leqslant1.2$	$h\leqslant0.2+0.06t\leqslant1$，总长度不超过焊缝全长的10%，局部$h\leqslant1.5$
18	未焊透		I	不允许	不允许	不允许	不允许
			II	不允许	不允许	不允许	不可有可测出的连续缺陷，局部缺陷$h\leqslant0.05t\leqslant1$，总长度不超过焊缝全长的10%
			III	不允许	不允许	不可有可测出的连续缺陷，局部缺陷$h\leqslant0.1t\leqslant1.5$，总长度不超过焊缝全长的10%	不可有可测出的连续缺陷，局部缺陷$h\leqslant0.05t\leqslant2$，总长度不超过焊缝全长的10%

No.	项目	项目说明(图示)	质量等级	焊缝类型			
				A	B	C	D
19	未融合		I	不允许	不允许	不允许	不允许
			II	不允许	不允许	不允许	$n \leq 0.4s \leq 4$,总长度不超过焊缝全长的10%
			III	不允许	不允许	$h \leq 0.4s \leq 4$,总长度不超过焊缝全长的10%	$h \leq 0.4s \leq 4$,总长度不超过焊缝全长的10%
20	根部下榻		I	$h \leq 1 + 0.1b < 2$	$h \leq 1 + 0.2b < 3$	$h \leq 1 + 0.3b < 3$	$h \leq 1 + 0.1b < 3$
			II	$h \leq 1 + 0.2b < 3$	$h \leq 1 + 0.3b$ 允许局部微小超出,但 $h < 3$	$h \leq 1 + 0.4b < 5$	$h \leq 1 + 0.2b < 4$
			III	$h \leq 1 + 0.3b < 4$	$h \leq 1 + 0.4b$ 允许局部超过,但 $h < 4$	$h \leq 1 + 0.8b < 5$	$h \leq 1 + 0.6b < 5$

注：表中尺寸单位为 mm。

角接焊缝外观质量检验项目和要求　　　　　　　　表7-3

No.	项目	项目说明(图示)	质量等级	焊缝类型		
				A/B	C	D
1	焊缝超厚	角焊缝实际有效厚度过大,a: 设计要求厚度	I	$h \leq 1 + 0.1a \leq 3$	$h \leq 1 + 0.1a \leq 3$	$h \leq 1 + 0.15a \leq 3$
			II	$h \leq 1 + 0.15a \leq 3$	$h \leq 1 + 0.15a \leq 3$	$h \leq 1 + 0.2a \leq 3$
			III	$h \leq 1 + 0.15a \leq 4$	$h \leq 1 + 0.15a \leq 4$	$h \leq 1 + 0.2a \leq 4$

No.	项目	项目说明(图示)	质量等级	焊缝类型 A/B	C	D
2	焊缝减薄	角焊缝实际有效厚度不足,a:设计要求厚度	Ⅰ	不允许	不允许	不允许
			Ⅱ	不允许	不允许	不允许
			Ⅲ	不允许	$h\leqslant0.3+0.035a$ $\leqslant1$,总长度不超过焊缝全长的20%	$h\leqslant0.3+$ $0.035a\leqslant1$,总长度不超过焊缝全长的20%
3	凸度过大或凹度过大		Ⅰ	$h\leqslant1+0.06a\leqslant3$	$h\leqslant1+0.06a\leqslant3$	$h\leqslant1+0.06a$ $\leqslant3$
			Ⅱ	$h\leqslant1+0.10a\leqslant3$	$h\leqslant1+0.12a\leqslant4$	$h\leqslant1+0.15a$ $\leqslant4$
			Ⅲ	$h\leqslant1+0.15a\leqslant3$	$h\leqslant1+0.15a\leqslant4$	$h\leqslant1+0.20a$ $\leqslant5$
4	不等边 (h)		Ⅰ	$h\leqslant0.5+0.1Z$	$h\leqslant0.5+0.1Z$	$h\leqslant1+0.15Z$
			Ⅱ	$h\leqslant1+0.1Z$	$h\leqslant1+0.15Z$	$h\leqslant1.5+0.15Z$
			Ⅲ	$h\leqslant1+0.1Z$	$h\leqslant1+0.15Z$,允许局部超过	$h\leqslant2+0.15Z$,允许局部超过
5	焊脚尺寸 (K)	①贴角焊 ②坡口角焊	Ⅰ			
			Ⅱ			
			Ⅲ	①$K_1=t_{\min}+$ |$2\sim3$| ②$K_2=H+$ |$1.5\sim2.0$| $0.25t_{\min}\leqslant K_3\leqslant$ $t_{\min}+1.5$; H表示坡口开口尺寸,$t_{\min}$表示两板间的最小板厚	①$K_1=t_{\min}+$ |$2\sim4$| ②$K_2=H+$ |$1.5\sim2.5$|; $0.25t_{\min}\leqslant K_3\leqslant$ $t_{\min}+2.0$; H表示坡口开口尺寸,$t_{\min}$表示两板间的最小板厚	①$K_1=t_{\min}+$ |$2\sim4$| ②$K_2=H+$ |$1.5\sim3.0$|; $0.25t_{\min}\leqslant K_3$ $\leqslant t_{\min}+2.5$; H表示坡口开口尺寸,$t_{\min}$表示两板间的最小板厚

No.	项目	项目说明（图示）	质量等级	焊缝类型 A/B	C	D
6	焊缝宽窄差（ΔC）	$\Delta C = C_{max} - C_{min}$	I			
			II			
			III	① $C \leqslant 20, \Delta C < 3$ ② $20 < C \leqslant 30, \Delta C < 4$ ③ $C > 30, \Delta C < 5$		
7	够焊缝宽度尺寸偏差（ΔC）	$\Delta C = C_2 - C_1$ C_1 为设计焊缝宽度 C_2 为实际焊缝宽度	I			
			II			
			III	① $C1 \leqslant 20, \Delta C = -1 \sim 2$ ② $20 < C1 \leqslant 30, \Delta C = -1 \sim 3$ ③ $C > 30, \Delta C = -2 \sim 2$	① $C1 \leqslant 20, \Delta C = -1 \sim 2$ ② $20 < C1 \leqslant 30, \Delta C = -1 \sim 3$ ③ $C > 30, \Delta C = -2 \sim 3$	① $C1 \leqslant 20, \Delta C = -1 \sim 2$ ② $20 < C1 \leqslant 30, \Delta C = -2 \sim 3$ ③ $C > 30, \Delta C = -2 \sim 4$
8	焊缝边缘直线度（f）		I	$f \leqslant 1.5$	$f \leqslant 2$	$f \leqslant 2$
			II	$f \leqslant 2$	$f \leqslant 2.5$	$f \leqslant 2.5$
			III	$f \leqslant 2.5$	$f \leqslant 3$	$f \leqslant 3$
9	焊缝表面凹凸	$\Delta h = h_{max} - h_{min}$	I	$\Delta h \leqslant 1$	$\Delta h \leqslant 1.5$	$\Delta h \leqslant 1.5$
			II	$\Delta h \leqslant 1.5$	$\Delta h \leqslant 2$	$\Delta h \leqslant 2$
			III	$\Delta h \leqslant 2$	$\Delta h \leqslant 2.5$	$\Delta h \leqslant 2.5$
10	咬边	焊缝与母材之间的凹槽	I	不允许	连续缺陷深度 $h \leqslant 0.2$,局部缺陷深度 $h \leqslant 0.2mm$,且总长度不超过焊缝全长的 10%	连续缺陷深度 $h \leqslant 0.3mm$,局部缺陷深度 $h \leqslant 0.3mm$,且总长度不超过焊缝全长的 10%
			II	连续缺陷深度 $h \leqslant 0.3mm$,局部缺陷深度 $h \leqslant 0.3mm$,且总长度不超过焊缝全长的 10%	连续缺陷深度 $h \leqslant 0.3mm$,局部缺陷深度 $h \leqslant 0.3mm$,且总长度不超过焊缝全长的 15%	连续缺陷深度 $h \leqslant 0.4mm$,局部缺陷深度 $h \leqslant 0.4mm$,且总长度不超过焊缝全长的 15%

No.	项目	项目说明（图示）	质量等级	焊缝类型		
				A/B	C	D
10	咬边	**焊缝与母材之间的凹槽**	III	连续缺陷深度 $h \leqslant 0.4mm$，局部缺陷深度 $h \leqslant 0.4mm$，且总长度不超过焊缝全长的 20%	连续缺陷深度 $h \leqslant 0.4mm$，局部缺陷深度 $h \leqslant 0.4mm$，且总长度不超过焊缝全长的 20%	连续缺陷深度 $h \leqslant 0.5mm$，局部缺陷深度 $h \leqslant 0.5mm$，且总长度不超过焊缝全长的 20%
11	焊瘤		I	不允许		
			II	总长度不超过焊缝全长的 5%，单个焊瘤深度 $h \leqslant 0.3mm$ 内		
			III	总长度不超过焊缝全场的 10%，单个焊瘤深度 $h \leqslant 0.3mm$ 内		
12	表面气孔夹渣		I	不允许	不允许	不允许
			II	不允许	在 50mm 焊缝长度上，单个缺陷 $d \leqslant 0.25t \leqslant 2$，缺陷总尺寸不超过 4	在 50mm 焊缝长度上，单个缺陷 $d \leqslant 0.25t \leqslant 3$，缺陷总尺寸不超过 4
			III	不允许	在 50mm 焊缝长度上，单个缺陷 $d \leqslant 0.25t \leqslant 3$，缺陷总尺寸不超过 6	在 50mm 焊缝长度上，单个缺陷 $d \leqslant 0.25t \leqslant 4$，缺陷总尺寸不超过 6
13	弧坑缩孔	**弧坑缩孔**	I	不允许	不允许	不允许
			II	不允许	不允许	单个小的只允许出现在焊缝上
			III	单个小的只允许出现在焊缝上	单个小的只允许出现在焊缝上	单个小的只允许出现在焊缝和母材上
14	裂纹	在焊缝金属及热影响区内的裂纹	I	不允许		
			II			
			III			
15	电弧擦伤	由于在坡口外引弧或起弧而造成焊缝邻近母材表面处局部损伤	I	不允许在焊缝接头的外面及母材表面		
			II	不允许在焊缝接头的外面及母材表面	局部出现应打磨，打磨后呈光滑过渡，打磨处的实际板厚不小于设计规定的最小值	
			III	局部出现应打磨，打磨后呈光滑过渡，打磨处的实际板厚不小于设计规定的最小值		

No.	项目	项目说明(图示)	质量等级	焊缝类型		
				A/B	C	D
16	焊缝成形		Ⅰ	焊缝与母材圆滑过渡,焊缝均匀、细密,接头匀直		
			Ⅱ	焊缝与母材圆滑过渡,匀直,接头良好		
			Ⅲ	焊缝与母材圆滑过渡,匀直,接头良好		

第二节 无损检测基础知识

焊接质量检测除对焊缝外观形状和缺陷大小有要求外,对焊缝的内部存在的缺陷更有严格的限制。因此,对焊缝的无损检测是保证焊缝内部质量十分重要的手段。

一、定义和分类

现代无损检测的定义是:在不损坏试件的前提下,以物理或化学方法为手段,借助先进的技术和设备器材,对试件的内部及表面的结构、性质、状态进行检查和测试的方法。

二、无损检测方法

包括射线检测(RT)、超声波检测(UT)、磁粉检测(MT)、渗透检测(PT)、涡流检测(ET)和声发射检测(AT)等。

三、无损检测的目的

(1)保证产品质量。应用无损检测技术,可以探测到肉眼无法看到的试件内部的缺陷;在对试件表面质量进行检验时,通过无损检测方法可以探测出许多肉眼很难看见的细小缺陷。

(2)保障使用安全。即使是设计和制造质量完全符合规范要求的设备,在经过一段时间使用后,也有可能发生破坏事故,这是由于苛刻的运行条件使设备状态发生变化:由于高温和应力的作用导致材料蠕变;由于温度、压力的波动产生交变应力,使设备的应力集中部位产生疲劳;由于腐蚀作用使材质劣化。这些原因有可能使设备中原来存在的制造规范允许的缺陷扩展开裂,或使设备中原来没有缺陷的地方产生新生的缺陷,最终导致设备失效。而无损检测就是在用设备定期检验的主要内容和发现缺陷最有效的手段。

(3)改进制造工艺。在产品生产中,为了了解制造工艺是否适宜,必须事先进行工艺试验。在工艺试验中,经常对工艺试样进行无损检测,并根据检测结果改进制造工艺,最终确定理想的制造工艺。如,为了确定焊接工艺规范,对焊接试验的焊接试样进行射线照相,并根据检测结果修正焊接参数,最终得到能够达到质量要求的焊接工艺。

(4)降低生产成本。在产品制造过程中进行无损检测,往往被认为要增加检查费用,从而使制造成本增加。可是如果在制造过程中间的环节正确地进行无损检测,就是防止以后的工序浪费,减少返工,降低废品率,从而降低制造成本。

四、射线检测基础知识

射线的种类很多，其中有易穿透物质的 X 射线、γ 射线、中子射线三种。这三种射线都被用于无损检测，其中 X 射线和 γ 射线广泛用于锅炉压力容器、压力管道焊缝和其他工业产品、结构材料的缺陷检测，而中子射线仅用于一些特殊场合。

射线检测是工业无损检测的一个重要专业。最主要的应用是探测试件内部的宏观几何缺陷（探伤）。按照不同特征可将射线检测分为许多种不同的方法，例如使用的射线种类、记录的器材、探伤工艺和技术特点等。

射线照相法是指 X 射线或 γ 射线穿透试件，以胶片作为记录信息的无损检测方法，是最基本、应用最广泛的一种射线检测方法。

1. 射线照相的原理

射线照相法是利用射线透过物质时，会发生吸收和散射这一特征，通过测量材料中因缺陷存在影响射线的吸收来探测缺陷的。X 射线和 γ 射线通过物质时，其强度逐渐减弱。一般认为是由光电效应引起的吸收、康普顿效应引起的散射和电子对效应引起的吸收三种原因造成的。射线还有一个重要性质，就是能使胶片感光，当 X 射线或 γ 射线照射胶片时，与普通光线一样，能使胶片乳剂层中的卤化银产生潜像中心，经过显影和定影后就黑化，接收射线越多的部位黑化程度越高，这个作用叫做射线的照相作用。因为 X 射线或 γ 射线使卤化银感光作用比普通光线小得多，所以必须使用特殊的 X 射线胶片，还使用一种能加强感光作用的增感屏。

2. 射线检测设备

射线照相设备可分为：

（1）X 射线探伤机。可分为携带式、移动式两类。移动式 X 射线探伤机用在曝光室内的射线探伤，它具有较高的管电压和管电流，管电压可达 450kV，管电流可达 20mA，最大穿透厚度约 100mm。携带式 X 射线探伤机主要用于现场射线照相，管电压一般小于 320kV，最大穿透厚度约 50mm。

（2）高能射线探伤设备。为了满足大厚度工件射线探伤的要求，使对钢件的 X 射线探伤厚度扩大到 500mm。分为直线加速器、电子回旋加速器。其中直线加速器可产生大剂量射线，探伤效率高，透照厚度大。

（3）γ 射线探伤机。因射线源体积小，可在狭窄场地、高空、水下工作，并可全景曝光等优点，已成为射线探伤重要组成部分。

3. 射线检测的优点和局限性

（1）检测结果有直接记录—底片。由于底片上记录的信息十分丰富，且可以长期保存，从而使射线照相法成为各种无损检测方法中记录最真实、最直观、最全面、可追踪性最好的检测方法。

（2）可以获得缺陷的投影图像，缺陷定性定量准确。各种无损检测方法中，射线照相对缺陷定性是最准确的。在定量方面，对体积型缺陷的长度、宽度尺寸的确定也很准，其误差大致零点几毫米。但对面积型缺陷，如裂纹、未熔合等类似缺陷，缺陷端部尺寸很小，则底片上影像向尖端延伸可能辨别不清，定量数据偏小。

（3）体积型缺陷检出率很高，而面积型缺陷的检出率受到多种因素影响。体积型缺陷是指气孔、夹渣类缺陷。一般情况下，射线照相大致可以检出直径在试件厚度1%以上的体积型缺陷，但人眼分辨率的限制，可检出缺陷的最小尺寸大致为0.5mm左右。面积型缺陷是指裂纹、未熔合类缺陷，其检出率的影响因素包括缺陷形状、尺寸、透照厚度、透照角度、透照几何条件、射线源和胶片种类、像质计灵敏度等。

（4）适宜检验厚度较薄的工件而不适宜较厚的工件。因为检验厚工件需要高能量的射线探伤设备。300kV便携式X射线机透照厚度一般小于40mm，420kV移动式X射线机和Ir192γ射线机透照厚度均小于100mm，对于厚度大于100mm的工件射线照相需使用加速器和Co60。此外，板厚增大，射线照相绝对灵敏度下降。也就是说厚工件采用射线照相，小尺寸缺陷以及一些面积型缺陷漏检的可能性增大。

（5）适宜检测对接焊缝，检测角焊缝效果较差，不适宜检测板材、棒材、锻件。检测角焊缝的透照布置比较困难，摄得底片的黑度变化大，成像质量不够好；不适宜检测板材、棒材、锻件的原因是板材、锻件中的大部分缺陷与板面平行，射线照相无法检出。

（6）有些试件结构和现场条件不适合射线照相。由于射线检测是穿透检验，检测时需要接近工件的两面，因此结构和现场条件有时会限制检测的进行。此外，射线照相对射线源至胶片的距离（焦距）有一定要求，如果焦距太短，则底片清晰度会很差。

（7）对缺陷在工件中厚度方向的位置、尺寸的确定比较困难。除了一些根部缺陷可结合焊接知识和图像规律来确定其在工件中厚度方向的位置，大多数缺陷无法用底片提供信息定位；缺陷高度可通过黑度对比的方法作出判断，但精确度不高。

（8）检测成本高。射线照相设备和曝光间的建设投资巨大；辅料的成本、人工成本也很高。

（9）射线照相检测速度慢。

（10）射线对人体有伤害。

五、超声波检测基础知识

超声波检测主要用于探测试件的内部缺陷，它的应用十分广泛。所谓超声波是指超过人耳听觉，频率大于20千赫兹的声波。用于检测的超声波，频率为0.4～25兆赫兹，其中用得最多的是1～5兆赫兹。

在金属的探测中用的是高频率的超声波。这是因为：

① 超声波的指向性好，能形成窄的波束；

② 波长短，小的缺陷也能够较好地反射；

③ 距离的分辨力好，缺陷的分辨率高。

超声波探伤方法很多，目前用得最多的是脉冲反射法，在显示超声信号方面，大多采用较为成熟的A型显示。

在超声波探伤中，通常用直探头来产生纵波，纵波是向探头接触面相垂直的方向传播。横波通常是用斜探头来发生的，斜探头是将晶片贴在有机玻璃制的斜楔上，晶片振动发生的纵波在斜楔中前进，在探伤面上发生折射，声波斜射入被检物中。通常折射纵波反射不进入被检物，只有折射横波传入被检物中。

1. 超声波检测的原理

超声波检测可以分为超声波探伤和超声波测厚，以及超声波测晶粒度、测应力等。在超声波探伤中，有根据缺陷的回波和底面的回波进行判断的脉冲反射法；有根据缺陷的阴影来判断缺陷情况的穿透法；还有由被检物产生驻波来判断缺陷情况或者判断板厚的共振法。目前用得最多的方法是脉冲反射法。脉冲反射法在垂直探伤时用纵波，在斜入射探伤时用横波。把超声波射入被检物的一面，然后在同一面接收从缺陷处反射回来的回波，根据回波情况来判断缺陷的情况。

超声波的垂直入射纵波探伤和倾斜入射的横波探伤是超声波探伤中两种主要探伤方法。两种方法各有用途，互为补充，纵波探伤主要能发现与探测面平行或稍有倾斜的缺陷，主要用于钢板、锻件、铸件的探伤。而倾斜入射的横波探伤，主要能发现垂直于探伤面或倾斜较大的缺陷，主要用于焊缝的探伤。

2. 试块

（1）用途

在无损检测技术中，常常采用与已知量相比较的方法来确定被检物的状况。超声波探伤中是以试块作为比较的依据。试块上有各种已知的特征，例如，特定的尺寸，规定的人工缺陷某一尺寸的平底孔、横通孔、凹槽等。用试块作为调节仪器、定量缺陷的参考依据，是超声波探伤的一个特点。超声波探伤技术的发展，一直与试块的研制、使用分不开的。

试块在超声波探伤中的用途主要有三个方面：

1）确定合适的探伤方法。在超声波探伤中，可以应用在某个部位有某种人工缺陷的试块来摸索探伤方法。在这种试块上摸索到的探伤规律和方法，可应用到与试块同材质、同形式、同尺寸的工件探伤中去。

2）确定探伤灵敏度和评价缺陷大小。对于不同种类、不同厚度、不同要求的工件，需要不同的探伤灵敏度。为了确定探伤时的灵敏度，就需要带各种人工缺陷的试块，用人工缺陷的波高来表示探伤灵敏度，是试块常用的一种方法。为了评价工件中某一深度处的缺陷大小，用试块中同一深度各种尺寸的人工缺陷与之比较，这就是探伤中应用的缺陷当量法。

3）校验仪器和测试探头性能。通过试块可以测试仪器或探头的性能，以及仪器和探头连接在一起的系统综合性能。

（2）试块的种类

根据试块的用途，可分为三大类：

1）调节仪器及测试探头的试块。

2）纵波探伤用试块，人工缺陷为平底孔。

3）横波探伤用试块。

六、磁粉检测

1. 磁粉检测原理

铁磁性材料被磁化后，其内部产生很强的磁感应强度，磁力线密度增大几百倍到几千倍，如果材料中存在不连续性（包括缺陷造成的不连续性和结构、形状、材质等原因造成的不连续性），磁力线会发生畸变，部分磁力线有可能逸出材料表面，从空间穿过，形成漏磁场，漏磁场的局部磁极能够吸引铁磁物质。

试件中裂纹造成的不连续性使磁力线畸变，由于裂纹中空气介质的磁导率远远低于试件的磁导率，使磁力线受阻，一部分磁力线挤到缺陷的底部，一部分穿过裂纹，一部分排挤出工件的表面后再进入工件。如果这时在工件上撒上磁粉，漏磁场就会吸附磁粉，形成与缺陷形状相近的磁粉堆积。我们称其为磁痕，从而显示缺陷。当裂纹方向平行于磁力线的传播方向时，磁力线的传播不会受到影响，这时缺陷也不可能检出。

2. 磁粉检测的特点

磁粉检测的优点和局限性：

（1）适宜铁磁材料探伤，不能用于非铁磁材料检测。

（2）可以检出表面和近表面缺陷，不能用于检测内部缺陷。

（3）检测灵敏度很高，可以发现极细小的裂纹以及其他缺陷。

（4）检测成本很低，速度快。

（5）工件的形状和尺寸有时对探伤有影响，因其难以磁化而无法探伤。

七、渗透检测基础知识

工件表面被施涂含有荧光染料或着色染料的渗透液后，在毛细管作用下，经过一定时间，渗透液可以渗进表面开口的缺陷中；经去除工件表面多余的渗透液后；再在工件表面施涂显像剂，同样，在毛细管作用下，显像剂将吸引缺陷中保留的渗透液，渗透液回渗到显像剂中；在一定的光源下（紫外线光或白光），缺陷处的渗透液痕迹被显示（黄绿色荧光或鲜艳红色），从而探测出缺陷的形貌及分布状态。

八、无损检测的应用

1. 无损检测与破坏性检测相配合

无损检测的最大特点是在不损伤材料、工件的结构物的前提下来进行检测的，但是无损检测不能代替破坏性检测。必须把无损检测的结果与破坏性检测的结果互相对比和配合，才能作出准确的评定。

2. 正确选用实施无损检测的时间

在进行无损检测时，必须根据无损检测的目的，正确选用无损检测的实施时间，才能正确评价产品质量。例如：要检查高强度钢焊缝有无延迟裂纹，无损检测实施的时间，就应该安排在焊接后 24 小时以后进行。

3. 正确选用最适当的无损检测方法

无损检测在应用中，由于检测方法本身特点所限制，缺陷不能完全检出，应该根据无损检测方法的各种特点选择最合适的检测方法。

4. 综合应用各种无损检测方法

在无损检测应用中，必须认识到任何一种无损检测方法都不是万能的，每种无损检测方法都有自己的优点、缺点。还应利用无损检测以外的其他检测所得的信息。应充分地认识到，检测的目的不是片面的追求那种过高要求的产品"高质量"，而是在保证充分安全性的同时要保证产品的经济性。只有这样，无损检测的应用才是一种正确的应用。

第三节　焊接缺陷的返修及碳弧气刨

一、焊接缺陷的返修

焊接缺陷返修工作中，缺陷性质的确定及其定位是首要问题。内部缺陷的返修在缺陷清除后，主要是采用焊补方法；表面缺陷，视缺陷尺寸和形状，可以采用机械加工方法，有的还须采用焊补方法。缺陷清除既要保证缺陷除净，又要便于补焊，而且也应尽量降低填充金属消耗，以便提高效率和降低成本。

1. 缺陷的清除

缺陷的清除可根据材质、板厚、缺陷产生的部位、大小等情况，选用碳弧气刨、手工铲磨、机械加工等方法。

2. 返修要点

（1）焊缝返修是在产品刚性拘束较大的情况下进行的，返修次数增加，会使金属晶粒粗大并且硬化，容易产生裂纹，力学性能也会降低。

（2）返修前应制定返修工艺，由有丰富经验的合格焊工担任返修工作，力争一次成功。

（3）正确地确定缺陷种类、部位、性质对保证返修质量至关重要。

（4）采用碳弧气刨清除缺陷时应防止夹碳、铜斑等缺陷，并注意及时清除上述缺陷及氧化皮。

（5）补焊时，应采用多层多道焊，且每层、每道焊缝的起始和收尾应错开，焊后注意及时消除参与应力、去氢和改善焊缝组织处理。

（6）返修后的焊缝表面，应进行修磨，使其与原焊缝基本一致，圆滑过渡，以减少应力集中，避免裂纹。

（7）要求焊后热处理的工件应在热处理前返修，如在热处理后还需返修时，返修后应再做热处理。

3. 返修次数

关于返修次数的限制，因产品条件差异而有不同，规定返修次数一般不超过 2～3 次。

使用焊接技术制造金属结构时，必须先将金属切割成符合要求的形状，有时还需要刨削各种坡口，清焊根及清除焊接缺陷。虽然对金属进行切割和刨削的方法多种多样，然而应用电弧热切割和刨削金属具有显著的诸多优点，因而被广泛应用。实际上，电弧切割与电弧气刨的工作原理、电源、工具、材料及气源完全一样，不同之处仅仅在于具体操作略有不同。可以认为电弧气刨是电弧切割的一种特殊形式，而碳弧气刨则是电弧气刨家族中的一员。

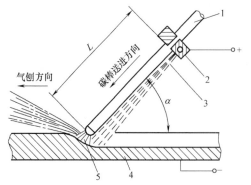

图 7-1　碳弧气刨工作原理示意图

1—碳棒；2—气刨枪夹头；3—压缩空气；4—工件；5—电弧

L—碳棒外伸长；α—碳棒与工件夹角

二、碳弧气刨的原理、特点及应用

1. 原理

碳弧气刨是利用在碳棒与工件之间产生的电弧热将金属熔化，同时用压缩空气将这些熔化金属吹掉，从而在金属上刨削出沟槽的一种热加工工艺。其工作原理如图 7-1 所示。

2. 特点

（1）与用风铲或砂轮相比，效率高，噪声小，并可减轻劳动强度。

（2）与等离子弧气刨相比，设备简单，压缩空气容易获得且成本低。

（3）由于碳弧气刨是利用高温而不是利用氧化作用刨削金属的，因而不但适用于黑色金属，而且还适用于不锈钢、铝、铜等有色金属及其合金。

（4）由于碳弧气刨是利用压缩空气把熔化金属吹去，因而可进行全位置操作；手工碳弧气刨的灵活性和可操作性较好，因而在狭窄工位或可达性差的部位，碳弧气刨仍可使用。

（5）在清除焊缝或铸件缺陷时，被刨削面光洁铮亮，在电弧下可清楚地观察到缺陷的形状和深度，故有利于清除缺陷。

（6）碳弧气刨也具有明显的缺点，如产生烟雾、粉尘污染、弧光辐射、对操作者的技术要求高。

3. 应用

（1）清焊根。

（2）开坡口，特别是中、厚板对接坡口，管对接 U 形坡口。

（3）清除焊缝中的缺陷。

（4）清除铸件的毛边、飞刺，浇铸口及缺陷。

三、碳弧气刨的设备和材料

碳弧气刨系统设备及材料由电源、气刨枪、碳棒、电缆气管和压缩空气源等组成，如图 7-2 所示。

1. 电源

碳弧气刨一般采用具有陡降外特性且动特性较好的手工直流电弧焊机作为电源。由于碳弧气刨一般使用的电流较大，且连续工作时间较长，因此，应选用功率较大的焊机。例如，当使用 $\phi 7$mm 的碳棒时，碳弧气刨电流为 350A，故宜选用额定电流为 500A 的手

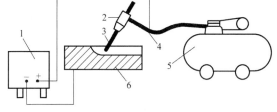

图 7-2　碳弧气刨系统示意图
1—电源；2—气刨枪；3—碳棒；4—电缆气管；
5—空气压缩机；6—工件

工直流电弧焊机作为电源。使用工频交流焊接电源进行碳弧气刨时，由于电流过零时间较长会引起电弧不稳定，故在实际生产中一般并不使用。近年来研制成功的交流方波焊接电源，尤其是逆变式交流方波焊接电源的过零时间极短，且动态特性和控制性能优良，可应用于碳弧气刨。

2. 气刨枪

碳弧气刨枪的电极夹头应导电性良好、夹持牢固，外壳绝缘及绝热性能良好，更换碳棒方便，压缩空气喷射集中而准确，重量轻和使用方便。碳弧气刨枪就是在焊条电弧焊钳的基础上，增加了压缩空气的进气管和喷嘴而制成。碳弧气刨枪有侧面送气和圆周送气两种类型。

（1）侧面送气气刨枪。侧面送气气刨枪结构如图 7-3 所示，侧面送气气刨枪嘴结构如图 7-4 所示。

侧面送气气刨枪的优点：结构简单，压缩空气紧贴碳棒喷出，碳棒长度调节方便。缺

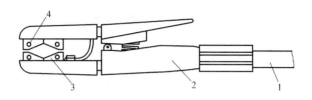

图 7-3　侧面送气气刨枪结构示意图
1—电缆气管；2—气刨枪体；3—喷嘴；4—喷气孔

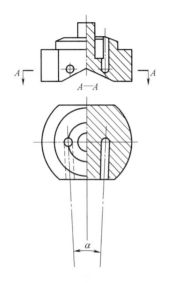

图 7-4　侧面送气气刨枪嘴结构

点：只能向左或右单一方向进行气刨。

（2）圆周送气气刨枪。圆周送气气刨枪只是枪嘴的结构与侧面送气气刨枪有所不同。圆周送气气刨枪嘴结构如图 7-5 所示。圆周送气气刨枪的优点：喷嘴外部与工件绝缘，压缩空气由碳棒四周喷出。碳棒冷却均匀，适合在各个方向操作。缺点：结构比较复杂。

3. 碳棒

碳棒是由碳、石墨加上适当的胶粘剂，通过挤压成形，焙烤后镀一层铜而制成。碳棒主要分圆碳棒、扁碳棒和半圆碳棒三种，其中圆碳棒最常用。对碳棒的要求是耐高温，导电性良好，不易断裂，使用时散发烟雾及粉尘少。碳弧气刨的碳棒规格及适用电流见表 7-4。

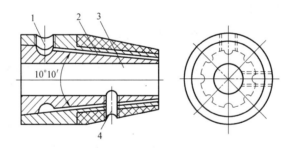

图 7-5　圆周送气气刨枪嘴结构图
1—电缆气管的螺孔；2—气道；3—碳棒孔；4—紧固碳棒的螺孔

碳棒规格及适用电流　　　　　　　　　　　　　　表 7-4

断面形状	规格（mm）	适用电流（A）	断面形状	规格（mm）	适用电流（A）
圆形	$\phi3\times355$	150~180	扁形	$\phi3\times12\times355$	200~300
	$\phi4\times355$	150~200		$\phi4\times8\times355$	180~270
	$\phi5\times355$	150~250		$\phi4\times12\times355$	200~400
	$\phi6\times355$	180~300		$\phi5\times10\times355$	300~400
	$\phi7\times355$	200~350		$\phi5\times12\times355$	350~450
	$\phi8\times355$	250~400		$\phi5\times15\times355$	400~500
	$\phi9\times355$	350~450		$\phi5\times18\times355$	450~550
	$\phi10\times355$	350~500		$\phi5\times20\times355$	500~600

四、碳弧气刨工艺

1. 工艺参数及其影响

（1）电源极性

碳弧气刨一般采用直流反接（工件接负极）。这样电弧稳定，熔化金属的流动性较好，凝固温度较低，因此反接时刨削过程稳定，电弧发出连续的"唰唰"声，刨槽宽窄一致，光滑明亮。若极性接错，电弧不稳且发出断续的"嘟嘟"声。

（2）电流与碳棒直径

电流与碳棒直径成正比关系，一般可参照下面的经验公式选择电流：

$$I = (30 \sim 50)D$$

式中　I——电流（A）；

　　　D——碳棒直径（mm）。

对于一定直径的碳棒，如果电流较小，则电弧不稳，且易产生夹碳缺陷；适当增大电流，可提高刨削速度、刨槽表面光滑、宽度增大。在实际应用中，一般选用较大的电流，但电流过大时，碳棒烧损很快，甚至碳棒熔化，造成严重渗碳，碳棒直径的选择主要根据所需的刨槽宽度而定，碳棒直径越大，则刨槽越宽。一般碳棒直径应比所要求的刨槽宽度小 2~4mm。

（3）刨削速度

刨削速度对刨槽尺寸、表面质量和刨削过程的稳定性有一定的影响。刨削速度须与电流大小和刨槽深度（或碳棒与工件间的夹角）相匹配。刨削速度太快，易造成碳棒与金属短路、电弧熄灭，形成夹碳缺陷。一般刨削速度为 0.5~1.2m/min 左右为宜。

（4）压缩空气压力

压缩空气的压力会直接影响刨削速度和刨槽表面质量；压力高，可提高刨削速度和刨槽表面的光滑程度；压力低，则造成刨槽表面粘渣。一般要求压缩空气的压力为 0.4~0.6MPa。压缩空气所含水分和油分可通过在压缩空气的管路中加过滤装置予以限制。

（5）碳棒的外伸长

碳棒从导电嘴到碳棒端点的长度为外伸长。手工碳弧气刨时，外伸长大，压缩空气的喷嘴离电弧就远，造成风力不足，不能将熔渣顺利吹掉，而且碳棒也容易折断。一般外伸长为 80~100mm 为宜。随着碳棒烧损，碳棒的外伸长不断减少，当外伸长减少至 20~30mm 时，应将外伸长重新调至 80~100mm。

（6）碳棒与工件间的夹角

碳棒与工件间的夹角大小，主要会影响刨槽深度和刨削速度。夹角增大，则刨削深度增加，刨削速度减小。碳棒倾角与刨槽深度的关系，见表 7-5。

碳棒倾角与刨槽深度的关系　　　　　　　　　　　　　　　表 7-5

碳棒倾角	25°	30°	35°	40°	45°	50°
刨槽深度（mm）	2.5	3.0	4.0	5.0	6.0	7.0~8.0

2. 常见缺陷及排除措施

（1）【缺陷】：夹碳

刨削速度和碳棒送进速度不稳，造成短路熄弧，碳棒粘在未熔化的金属上，易产生夹碳缺陷。夹碳缺陷处会形成一层含碳量高达 6.7％的硬脆的碳化铁。若夹碳残存在坡口中，焊后易产生气孔和裂纹。

【排除措施】：夹碳主要是操作不熟练造成的，因此应提高操作技术水平。在操作过程中要细心观察，及时调整刨削速度和碳棒送进速度。发生夹碳后，可用砂轮、风铲或重新用气刨将夹碳部分清除干净。

（2）【缺陷】：粘渣

碳弧气刨吹出的物质俗称为渣。它实质上主要是氧化铁和碳化铁等化合物，易粘在刨槽的两侧而形成粘渣，焊接时容易形成气孔。

【排除措施】：粘渣的主要原因是压缩空气压力偏小。发生粘渣后，可用钢丝刷、砂轮或风铲等工具将其清除。

（3）【缺陷】：铜斑

碳棒表面的铜皮成块剥落，熔化后，集中熔敷到刨槽表面某处而形成铜斑。焊接时，该部位焊缝金属的含铜量可能增加很多而引起热裂纹。

【排除措施】：碳棒镀铜质量不好、电流过大都会造成铜皮成块剥落而形成铜斑。因此，应选用质量好的碳棒和选择合适的电流乙发生铜斑后，可用钢丝刷、砂轮或重新用气刨将铜斑消除干净。

（4）【缺陷】：刨槽尺寸和形状不规则

在碳弧气刨操作过程中，有时会产生刨槽不正，深浅不匀甚至刨偏的缺陷。

【排除措施】：产生这种缺陷的主要原因是操作技术不熟练，因此应从以下几个方面改善操作技术：①保持刨削速度和碳棒送进速度稳定。②在刨削过程中，碳棒的空间位置尤其是碳棒夹角应合理且保持稳定。③刨削时应集中注意力，使碳棒对准预定刨削路径。在清焊根时，应将碳棒对准装配间隙。

3. 碳弧气刨的操作

（1）根据碳棒直径选择并调节好电流，使气刨枪夹紧碳棒，并调节碳棒外伸长为 80～100mm 左右。打开气阀并调节好压缩空气流量，使气刨枪气口和碳棒对准待刨部位。

（2）通过碳棒与工件轻轻接触引燃电弧。开始时，碳棒与工件的夹角要小，逐渐将夹角增大到所需的角度。在刨削过程中，弧长、刨削速度和夹角大小三者适当配合时，电弧稳定、刨槽表面光滑明亮，否则电弧不稳，刨槽表面可能出现夹碳和粘渣等缺陷。

（3）在垂直位置时，应由上向下操作，这样重力的作用有利于除去熔化金属；在平位置时，既可从左向右，也可从右向左操作；在仰位置时，熔化金属由于重力的作用很容易落下，这时应注意防止熔化金属烫伤操作人员。

（4）碳棒与工件之间的夹角由槽深而定，刨削要求深，夹角就应大一些。然而，一次刨削的深度越大，对操作人员的技术要求越高，且容易产生缺陷。因此，刨槽较深时，往往要求刨削 2～3 次。

（5）要保持均匀的刨削速度。均匀清脆的"嘶嘶"声表示电弧稳定，能得到光滑均匀的刨槽。速度太快易短路，太慢又易断弧。每段刨槽衔接时，应在弧坑上引弧，以防止弄伤刨槽或产生严重凹痕。

五、低碳钢及合金钢的碳弧气刨

1. 低碳钢

可采用碳弧气刨对低碳钢清焊根、清除焊缝缺陷和加工坡口。一般刨槽表面有一深度为0.54~0.72mm的硬化层，但它基本上不影响焊接接头的性能。这是因为焊前可用钢丝刷或砂轮对刨槽表面进行清理，而在随后的焊接中，又将这层硬化层熔化了。

2. 不锈钢

可采用碳弧气刨对不锈钢清焊根、清除焊缝缺陷和加工坡口。对不锈钢进行碳弧气刨后，按下述原则和如图7-6所示顺序进行焊接，不会影响不锈钢的抗晶间腐蚀性能。

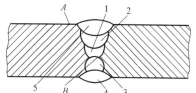

图7-6 不锈钢多层焊焊接顺序
A—介质接触面，B—气刨剩
1~5—各层焊道的焊接顺序

（1）先在介质接触面的一侧进行底层焊接，以便在非介质接触面的一侧清焊根，并避免碳弧气刨的飞溅物对介质接触面的损伤。

（2）尽量采用不对称的X形坡口，而介质接触面一侧的坡口较大，以使碳弧气刨远离介质接触面。

（3）与介质接触表面的焊缝最后施焊，以保证焊缝的抗腐蚀性。

为了防止碳弧气刨对不锈钢抗晶间腐蚀性能的影响，将不锈钢的刨槽表面用砂轮磨削干净以后，再进行焊接。对于接触强腐蚀介质的超低碳不锈钢，不允许使用碳弧气刨清焊根，而应采用砂轮磨削。

3. Q345和Q390钢

可采用碳弧气刨对Q345和Q390钢清焊根、清除焊缝缺陷和加工坡口。

对焊前要求预热的合金钢，应在预热的情况下进行碳弧气刨。其预热温度应等于或略高于焊前预热温度。

某些对冷裂纹十分敏感的高强合金钢厚板，不宜采用碳弧气刨。

六、安全技术

（1）露天作业时，尽可能顺风向操作，防止被风吹散的铁水及焊渣烧伤操作人员，并注意场地防火。

（2）在容器或舱室内部操作时，必须加强抽风及排除烟尘措施。

（3）选用电碳厂生产的专用于碳弧气刨的碳棒。

其他安全措施与一般焊条电弧焊相同。

第八章 安全生产

在焊接操作中，存在一些不卫生和不安全的因素，会产生弧光辐射、有害粉尘、有毒气体、高频电磁场、射线和噪声等有害因素，而且焊工需要与各种易燃易爆气体、压力容器及电器设备等相接触，还有高空焊割作业及水下焊接作业等，在一定条件下会引起火灾、爆炸、触电、烫伤、急性中毒和高空坠落等事故，导致工伤、死亡及重大经济损失，又能造成焊工尘肺、慢性中毒、血液疾病、眼疾和皮肤病等职业病，严重地危害着焊接作业人员的安全健康，还会造成国家财产和生产的重大损失，因此，焊接被列为特殊作业。

第一节 燃烧与防火技术

一、燃烧与火灾

1. 燃烧的条件

（1）燃烧定义。燃烧是可燃物质与助燃物质在着火源的导燃下相互作用，并产生光和热的一种剧烈的氧化反应。着火源是指具有一定温度和热量的能源，也可把能引起可燃物质着火的能源称之为着火源。常见的着火源有火焰、电火花、电弧和炽热物体等。助燃物质是空气、氧气和其他氧化剂等，它是能与可燃物质发生化学反应引起燃烧的物质。可燃物是指能与空气、氧气和其他氧化剂发生剧烈反应的物质。

（2）燃烧的条件。燃烧必须在可燃物质、助燃物质和着火源三个基本条件（三要素）同时具备、相互作用下才能发生。

2. 燃烧现象

物质的氧化反应现象是普遍存在着的，由于反应的速度不同，可以体现为一般的氧化现象和燃烧现象。氧化与燃烧都是同一种化学反应，只是反应的速度和发生的物理现象（热和光）不同。

例如，气焊火焰的燃烧：

$$5O_2 + 2C_2H_2 \xrightarrow{\text{（燃烧）}} 4CO_2 + 2H_2O + Q$$

式中，Q 为燃烧释放的热量。

3. 火灾

在生产过程中，凡是超出有效范围的燃烧统称为火灾。

在消防部门有火灾和火警之分，其共同点是超出有效范围的燃烧，不同点是火灾指已造成人身和财产的一定损失，否则称为火警。

4. 防火的基本技术措施

根据燃烧原理及条件，防止燃烧三个条件同时存在或避免它们相互作用是防火技术的基本理论，主要包括两个方面：一是防止燃烧的基本条件的产生；二是避免燃烧基本条件的同时存在或相互作用。

常用的方法有隔离法、冷却法和窒熄法（隔绝空气）等。隔离法是将可燃烧物与火源（火场）隔离开来，使燃烧停止。冷却法是将燃烧物的温度降至着火点（燃点）以下，使燃烧停止。窒熄法是消除燃烧条件之一的助燃物，使燃烧停止。

二、燃烧的种类

燃烧可分为闪燃、着火及自燃三种类型。

1. 闪燃

可燃液体的温度不高时，液面上少量的可燃蒸汽与空气混合后，遇到火源而发生一闪即灭（延续时间少于 5s）的燃烧现象，称闪燃。

发生闪燃的最低温度称为闪点。闪点越低，则发生火灾的危险性越大。例如，液化石油气（丙烷）闪点为 −20℃，煤油为 28～45℃，所以丙烷比煤油的火灾危险性大。

闪燃是可燃液体发生着火的前奏。从防火的观点来说，闪燃就是火灾危险的警告。

2. 着火

可燃物质与火源接触发生燃烧，并在火源移去后仍然保持延续燃烧的现象称为着火。

可爆物质发生着火的最低温度称为着火点或燃点。燃点越低，发生火灾危险性越大。例如，木材着火点为 295℃，纸张燃点为 130℃等。

控制可燃物质的温度在燃点以下，是预防发生火灾的措施之一。应用冷却法灭火，其原因就是将燃烧物质的温度降低到燃点以下，使燃烧停止。

3. 自燃

可燃物质受热升温而不需明火作用就能自行燃烧的现象，称自燃。

引起自燃的最低温度称为自燃点。自燃点越低，则发生火灾的危险性越大。例如，煤的自燃点为 320℃，白磷的自燃点为 40℃，说明白磷的火灾危险性比煤大。

根据可燃物质升温的热量来源不同，自燃可分为受热自燃和本身自燃。

（1）受热自燃。可燃物质由于外界加热，温度升高至自燃点而发生的自行燃烧现象。受热自燃是引起火灾事故的重要原因之一。发生受热自燃的原因主要有靠近或接触灼热物质、明火物质、摩擦热、化学反应及绝热压缩等。

（2）本身自燃。可燃物质由于本身的化学反应、物理或生物作用等产生的热量，使温度升高至自燃点而发生自行燃烧现象，亦称为自热自燃。

由于可燃物质的本身自燃不需要外来热源，所以在低温或常温下均可能发生自燃。因此，能够发生本身自燃的可燃物质比其他可燃物质的火灾危险性更大。

在一般情况下，本身自燃的起火特点是从可燃物质内部向外炭化、延烧，而受热自燃往往是从外面向内延燃。

第二节　爆炸与防爆技术

一、爆炸及其分类

1. 爆炸的定义

爆炸是指物质在瞬间以机械功能的形式释放出大量气体和能量的现象。爆炸发生时会伴随着压力的急骤升高和巨大的响声，其主要特征是压力的急骤升高。所谓的瞬间是指爆炸在极短时间内发生。例如，乙炔瓶里的乙炔与氧气混合气发生爆炸时，大约在 1/100s 内完成下列化学反应：

$$2C_2H_2+5O_2=4CO_2+2H_2O+Q$$

式中，Q 是爆炸时释放的热量，为 621.2kcal。

同时释放出大量热量和二氧化碳、水蒸气等气体，能使瓶内压力升高 10～13 倍，其爆炸威力可使瓶体离地 20～30m。这种克服地心引力将重物移动一段距离，即为机械功。

2. 爆炸的分类

爆炸分为物理性爆炸和化学性爆炸两类。

（1）物理性爆炸。是由物理变化（温度、体积和压力等变化）引起的。物理性爆炸的前后，爆炸物质的性质和化学成分均不改变。例如，氧气瓶的爆炸是典型的物理性爆炸，氧气瓶受热升温引起瓶内气体压力增高，当压力越过瓶体的极限强度时即发生爆炸，会造成巨大破坏和伤害。它们的破坏性取决于气体（或蒸汽）的压力。

（2）化学性爆炸。是物质在短时间内完成化学反应，形成其他物质，同时产生大量气体和能量，使温度和压力骤然剧增引起的。如乙炔与空气的混合气体爆炸。

另外，爆炸还可以按爆炸反应的相分为气相爆炸、混合液相爆炸和固相爆炸三种。

二、爆炸极限

1. 爆炸极限

（1）爆炸极限定义。可燃物质（可燃气体、蒸汽、粉尘）与空气（或氧气）遇到火源发生爆炸的浓度范围称为爆炸极限或爆炸浓度极限。可燃气体爆炸极限是用其在混合物种所占的体积百分比（％）来表示，可燃粉尘是以其在混合物中所占的重量比（g/m³）来表示。

（2）爆炸上限和爆炸下限。可燃性混合物能发生爆炸的最低浓度和最高浓度分别称为爆炸下限和爆炸上限。在低于爆炸下限和高于爆炸上限的浓度时，都不会发生爆炸。

可燃物质的爆炸下限越低、爆炸上限越高，爆炸极限范围越宽，则爆炸危险性就越大。

2. 影响爆炸极限的因素

爆炸混合物温度越高、压力越大、含氧量越高以及火源能量越大等，都会使爆炸极限范围扩大，爆炸危险性增加。

三、化学性爆炸的必要条件

化学性爆炸要同时具备以下三个条件才能发生：
（1）可爆物质（可燃气体、蒸汽、粉尘）的存在；
（2）可爆物质与空气（或氧气）混合并构成爆炸性混合物；
（3）火源的作用。
制止上述三个条件同时存在，是防止发生化学性爆炸的各种措施的实质。

四、爆炸性混合物的特性

发生化学性爆炸的物质，按其特性分为两类：一类是火药，另一类是可燃气体、蒸汽、粉尘与空气形成的爆炸性混合物。

可爆物质与空气形成爆炸性混合物的形式，分为以下两类：

1. 直接与空气形成爆炸性混合物

（1）可燃气体。可燃气体（乙炔、氢气等）容易扩散，在容器、室内通风不良的条件下，容易与空气混合，其浓度可达到爆炸极限。因此，在生产、贮存和使用可燃气体的过程中，要严防容器及管道泄漏，厂房室内应加强通风，严禁明火。容器设备修补焊时，必须严格遵守动火安全要求。

（2）可燃蒸汽。可燃液体受热时蒸发的可燃蒸汽，在空气中达到一定浓度，遇火源会发生爆炸。可燃蒸汽与空气混合物的浓度可达到爆炸极限。生产、贮存和使用可燃液体要严防滴漏，室内应加强通风换气。在暑期贮存闪点低的引燃液体必须采取隔热降温措施，严禁明火。可燃液体的爆炸极限有两种表示形式：一是可燃蒸汽的爆炸浓度极限，有上下限之分，以百分比（％）来表示；二是爆炸温度极限，也有上下限之分，以℃表示。液体的蒸汽浓度在一定温度下形成，因此，爆炸浓度极限就体现着一定的温度极限。例如，车用汽油的爆炸浓度极限为 $0.79\%\sim5.16\%$，其爆炸温度极限为$-39.8℃$。液体的温度测量比测定蒸汽浓度要简便得多。

（3）可燃粉尘。可燃粉尘混合于空气中，浓度达到爆炸极限时，形成爆炸性混合物，遇火源就会发生爆炸。这类爆炸大多发生在生产设备、输送罩壳、干燥加热炉、排风管道等内部空间。因此，在生产、贮存和使用过程中有可燃粉尘，必须采取防护措施，防止静电，严禁明火。在上述地点动火焊接时，必须事先采取措施，消除造成粉尘爆炸的危险因素。

2. 间接与空气形成爆炸性混合物

块状、片状、纤维状的易燃物质，如电石、电影胶片、硝化棉等，虽然不能直接与空气形成爆炸性混合物，可是当这些物质与水、热源、氧化剂等作用时，将迅速发生反应并释放出可燃气体或可燃蒸汽，与空气形成爆炸性混合物，因此在生产、贮存和使用这类易燃物质的场所或附近焊接时，要采取有效的安全措施。

五、防火防爆的基本原则

1. 火灾过程的特点及预防原则

（1）火灾过程特点

1）酝酿期。可燃物在热的作用下蒸发析出气体、冒烟、阴燃。

2）发展期。火苗蹿起，火势迅速扩大。

3）全盛期。火焰包围整个可燃材料，可燃物全面着火，燃烧面积达到最大限度，放出强大的热辐射，温度升高，气体对流加剧。

4）衰灭期。可燃物质减少，火势逐渐衰落，终至熄灭。

（2）防火原则的基本要求

1）严格控制火源。

2）监视酝酿期特征。

3）采用耐火建筑材料。

4）阻止火焰的蔓延，采取隔离措施。

5）限制火灾可能发展的规模。

6）组织训练消防队伍。

7）配备相应的消防器材。

2. 爆炸过程特点及预防原则

（1）爆炸过程特点

1）可燃物与氧化剂的相互扩散，均匀混合而形成爆炸性混合物，遇到火源时爆炸开始。

2）由于爆炸连续反应过程的发展，爆炸范围扩大，爆炸威力升级。

3）完成化学反应，爆炸造成灾害性破坏。

（2）防爆原则的基本要求

根据爆炸过程特点，防爆应以阻止第一过程出现、限制第二过程发展、防止第三过程危害为基本原则。

1）防止爆炸混合物的形成。

2）严格控制着火源。

3）燃爆开始时及时泄出压力。

4）切断爆炸传播途径。

5）减弱爆炸压力和冲击波对人员、设备和建筑物的损坏。

第三节　安全用电概念

一、电源对人体的伤害形式

在焊接操作过程中，电源的主要危害是电击（触电）造成人身体的伤害及电流产生的热量、火花或电弧造成的火灾及爆炸。

电流对人体的伤害有三种形式：电击、电伤及电磁场产生的生理伤害。

1. 电击

电击是指电流通过人体内部，破坏心脏、肺及神经系统等器官的正常工作，其电流引起人的心室颤动是电击致死的主要原因。

2. 电伤

电伤是指电流的热效应、化学效应及机械效应对人体的外部的伤害，主要是烧伤和烫伤。

3. 电磁场生理伤害

电磁场生理伤害是指在高频电磁场的作用下，出现头晕、乏力、失眠及多梦等神经系统的病症。

二、影响电击严重程度的因素

1. 流经人体的电流强度

流经人体的电流越大，致命的危害性越大。

（1）感知电流。能引起人感觉的最小电流称为感知电流。工频交流为 $0.7\sim1\mathrm{mA}$，直流为 5mA。

（2）摆脱电流。触电后自己能够摆脱的最大电流称为摆脱电流。工频交流为 10～16mA，直流为 30mA。但工频交流 5mA 即能引起人体痉挛。

（3）致命电流。在较短的时间内能危害及生命的电流（50mA）称为致命电流。

（4）安全电流。在线路中没有防止触电的保护装置条件下，人体允许通过的安全电流，一般可按 30mA 考虑。

流经人体的电源大小决定于外加电压的高低和人体电阻的大小。一般情况下，人体电阻为 1000～1500Ω，在不利的情况下人体电阻会降低到 500～650Ω。影响人体电阻的因素较多，如皮肤潮湿或出汗、身体带有导电性粉尘、加大同带电体的接触面积和压力等，都会减低人体电阻，故通过人体电流的大小通常是不可能事先计算出来的。因此，为确定安全条件，不按安全电流而按安全电压来表示。

（5）安全电压。在一定的环境条件下，为防止触电事故而采取由特定电源供电的电压。

安全电压能将触电时通过人体的电流限制在较小范围内，从而在一定程度上保障人身安全。这个安全电压的数值与工作环境有关。

1）比较干燥而触电危险较大的环境，安全电压规定为 36V。

$V = 30 \times 10^{-3} A \times (1000～1500)\Omega = 30～45V$，取 36V。

2）潮湿而触电危险的环境，我国规定安全电压为 12V。

$V = 30 \times 10^{-3} A \times 650\Omega = 19.5V$，取 12V。

3）水下或其他由于触电会导致严重二次事故的环境，我国遵照国际电工标准会议规定安全电压为 2.5V 以下。

$V = 0.5 \times 10^{-3} A \times (500～650)\Omega = 2.5～3.25V$，取 2.5V。

2. 电流通过人体的持续时间

电流通过人体的持续时间越长，死亡的危险性越大。

3. 电流通过人体的途径

人体触电后，电流通过人体的途径，一般认为从手到脚的途径最为危险，因为沿这条途径，电流经过心脏、肺部及中枢神经系统等重要器官。其次是从手到手的途径。再次就是从脚到脚的途径。但后者因痉挛而摔倒，易导致二次事故。

4. 电流的频率

工频 50Hz 交流电对人体的安全是危险的频率，2000Hz 以上的高频交流电对心脏的影响较小。

5. 人体的健康状况等

患有心脏病、神经系统和结核病等病症的人，受电击造成的伤害程度比较严重。

第四节　触电事故

一、电焊用电特点

国产焊接电源的输入电压为 220/380V，频率为 50Hz 的工频交流电。

用于焊接的电源需要满足一定的技术要求。不同的焊接方法，对电源的电压、电流等参数的要求也有所不同。我国目前生产的焊条电弧焊焊机的空载电压为 $60\sim90$V。过高的空载电压虽然有利于引弧，但对焊工操作的安全不利，所以焊条电弧焊机的空载电压限制在 90V 以下，工作电压为 $25\sim40$V；埋弧自动焊机空载电压为 $70\sim90$V；电渣焊机空载电压较低，一般为 $40\sim65$V；氩弧焊、二氧化碳气体保护焊和等离子弧焊机的空载电压为 65V 左右；等离子切割电源的空载电压高达 $300\sim450$V；电阻焊所需电源功率的特点是在短时间内的低电压、大电流，电流通常为 $500\sim20\times10^4$ 安，电压则为 $2\sim20$V 电子束焊接时，为生产高速高能电子束，其电机工作电压高达 $80\sim150$kV，故需采取特殊防护措施。

二、电焊操作中的不安全因素

根据焊接用电的特点，焊接操作中不安全的因素主要有以下几点：

1. 焊接电源

焊接电源是与 220/380V 电力网路连接的，人体一旦接触到这部分电气线路（如焊机的插座、开关或破损的电源线等），就很难摆脱。

2. 焊机的空载电压

焊机的空载电压大多超过安全电压，但由于电压不是很高，使人容易忽视，另一方面与这部分用电线路的接触的机会较多（如焊钳或焊枪、焊件、工作台和电缆等），因此它是焊接触电伤亡的主要因素。

3. 焊机、电缆漏电

焊机和电缆由于经常性的长时间或超负荷运行，粉尘和蒸汽的腐蚀及室外工作时受风吹、日晒、雨淋等，绝缘易老化变质，电缆易被焊件轧压而绝缘层破损，焊机无保护性接地或接零装置，都容易出现焊机或电缆的漏电现象，而发生触电事故。

4. 焊工带电操作机会多

如更换焊条、调节焊接电流、整理工作等，通常是带电进行的。

三、触电及触电事故

触电是指人体触及带电体，电流流经人体，造成死亡或伤害的现象。一般皮肤接触带电体的面积越大，时间越长，人体的电阻就越小，危险性就越大。

频率为 50Hz 的工频电流对人体是最危险的，通过人体的工频电流超过 50mA，对人就有致命危险。

焊机在操作过程中，都要使用焊机、开关、焊钳等电器装置，均有较高电压值。焊接电源的一次端是直接接到 220/380V 的电力网络上的。焊接电源的二次端为了引弧的需要，其电压也是远远超过安全电压范围。一旦这些设备绝缘破坏、焊机外壳带电或违章操作，就会造成焊工触电事故。

四、触电事故的类型

1. 触电事故类型主要是电击及电伤

（1）电击。电流通过人体内部，破坏人体器官的过程。触电的致命因素是电流，尤其是电流引起人的心室颤动是电击致死的主要原因。

（2）电伤。由于电流的热效应、化学效应和机械效应等而造成的对人体外部的伤害过程，如烧伤及烫伤等。

2. 触电方式

触电方式主要有单相触电、两相触电和跨步电压触电三种。

（1）单相触电。人体与大地之间互不绝缘时，人体某部触及三相电源线中的任一根相线，电流从带电导线经过人体流入大地而造成的触电伤害，如图 8-1 所示。

（2）两相触电。当人体同时接触到两根不同的相线，或者人体同时触及电器设备到电器设备两个不同相的带电部位时，电流由一根相线经过人体到另一根相线，形成闭合回路，如图 8-2 所示。

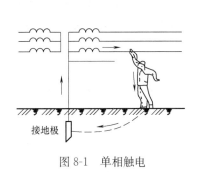

图 8-1 单相触电　　　　　　　　　　　　　图 8-2 两相触电

（3）跨步电压触电。当高压电接地时，电流流入地下造成人体两脚之间有一定电压，也会产生触电事故。

五、触电事故的原因

触电事故分为直接和间接触电事故。

1. 直接电击

直接电击是直接触及电焊设备正常运行时的带电体或靠近高压电网和电器设备所造成的电击。焊接发生直接电击事故的原因主要有：

（1）在更换焊条、电极和焊接操作中，手或身体某部分接触到电焊条、焊钳或焊枪的带电部分，而脚或身体其他部分对地和金属结构之间无绝缘防护；在金属容器、管道、锅炉里，船舱或金属结构上，或当身上大量出汗、在阴雨潮湿地点焊接，尤其容易发生这种触电事故。

（2）在接线、调节焊接电流和移动焊接设备时，手或身体某部接触到接线柱、极板等带电体而触电。

（3）在登高焊接时触及低压线路或靠近高压网路引起的触电事故等。

2. 间接电击

触及意外带电体所发生的电击。焊接发生间接电击事故原因主要有：

（1）人体触及漏电的焊机外壳或绝缘破损的电缆而触电。在下列情况下可能造成电焊机外壳漏电：由于线圈潮湿导致绝缘损坏；焊机长期超负荷运行或断路发热致使绝缘能力降低、烧损；焊机的安装地点和方法不符合安全要求，遭受震动、碰击，而使线圈或引线的绝缘受到机械性损伤并与铁芯和外壳短路；维护检修不善和工作现场混乱，致使小金属物如铁丝、铁屑、铜丝或小铁管头之类，一端碰到接线柱、电线头等带电体，另一端碰到铁芯或外壳而漏电。

（2）由于电焊设备或线路发生故障而引起的事故。如焊机的火线与零线接错时外壳带电，人体碰到外壳而触电。

（3）电焊操作过程中，人体触及绝缘破损的电缆、破裂的胶木匣盒等。

（4）由于利用厂房内的金属结构、管道、轨道、暖气设施、天车吊钩或其他金属物体搭接起来作为焊接回路而发生的触电事故。

六、防止触电事故的基本措施

为了预防焊接触电和电气火灾爆炸事故的发生，首先应了解该工作环境场所的触电与火灾爆炸危险性属于哪一类型，存在哪些可能发生触电或火灾爆炸的不安全因素，从而预先采取有效措施预防触电、火灾和爆炸。

1. 工作环境按触电危险性分类

电焊需在不同的工作环境中进行，按触电的危险性，考虑到工作环境，如潮气、粉尘、腐蚀性气体或蒸气、高温等条件的不同，可分为以下三类。

（1）普通环境。触电危险性较小，应具备的条件为：

1）干燥（相对湿度不超过 75％）。

2）无导电粉尘。

3）由木材、沥青或瓷砖等非导电材料铺设地面。

4）金属物品所占面积与建筑物面积之比（金属占有系数）小于 20％。

（2）危险环境：

1）潮湿。

2）有导电粉尘。

3）由泥、砖、湿木板、钢筋混凝土、金属等材料或其他导电材料制成地面。

4）金属占有系数大于 20％。

5）炎热、高温（平均温度经常超过 30℃）。

6）人体能同时接触接地导体和电气设备的金属外壳。

（3）特别危险环境。凡具有下列条件之一者，均属特别危险环境：

1）作业场所特别潮湿（相对湿度接近 100％）。

2）作业场所有腐蚀性气体、蒸气、煤气或游离物存在。

3）同时具有上列危险环境的两个条件。

2. 爆炸和火灾危险场所等级

根据发生事故的可能性和后果（即危险程度），在电力装置设计规范中将爆炸和火灾危险场所划分为三类八级：

（1）第一类是气体或蒸气爆炸混合物的场所，分为三级，即 Q-1 级、Q-2 级、Q-3 级场所。

（2）第二类是粉尘或纤维爆炸性混合物场所，分为二级，即 G-1 级、G-2 级场所。

（3）第三类是火灾危险场所，分为三级，即 H-1 级、H-2 级、H-3 级场所。

3. 预防触电事故的基本措施

（1）为了防止在电焊操作中人体触及带电体的触电事故，可采取绝缘、屏护、间隔、空载自动断电和个人防护等安全措施。

绝缘不仅是保证电焊设备和线路正常工作的必要条件，也是防止触电事故的重要措施。橡胶、胶木、瓷、塑料、布等都是电焊设备和工具常用的绝缘材料。

屏护是采用遮拦、护罩、护盖、箱匣等，把带电体同外界绝隔开来，对于电焊设备、工具盒配电线路的带电部分，如果不便包以绝缘或绝缘不足以保证安全时，可以采用屏护措施。屏护用材料应当有足够的强度和良好的耐火性能。

间隔是防止人体触及焊机、电线等带电体，避免车辆及其他器具碰撞带电体，为防止火灾而在带电体与设备之间保持一定的安全距离。

焊机的空载自动断电保护装置和加强个人防护等，也都是防止人体触及带电体的重要安全措施。

（2）为防止在电焊操作时人体触及意外带电体而发生触电事故，一般可采用保护接地或保护接零等安全措施。

七、触电事故的急救措施

触电现场急救，如果处理得及时、正确，能使因触电呈假死的人获救。因此，现场急救不仅是医务人员的工作，而且对于从事电气工作的人也应熟悉和掌握。

1. 迅速脱离电源

使触电人迅速脱离电源，是现场抢救的首要步骤。一旦有触电事故发生应立即切断电源，拉开开关或用绝缘工具切断电线，切忌直接用手或其他金属物品去挑电线，高处触电时还应防止触电人从高空坠落受伤。

2. 急救、人工呼吸法

当触电人脱离电源后，应迅速组织抢救。对触电人伤害较轻时应就地安静休息，并随时观察其状况；伤害较重，采用人工呼吸法或人工胸外心脏按压法急救或两种方法同时进行，循环连续操作。

八、电焊引起火灾与爆炸事故的原因

1. 电焊设备和线路出现危险温度

危险温度是电气设备（如弧焊变压器）和线路过热造成的。电焊设备在运行中总是要发热的。对于结构性能正常和稳定运行的电焊设备来说，发热和散热平衡时，其最高温度和最高温升（即最高温度与周围环境温度之差）都不会超过某一允许范围。这就是说，电焊设备正常的发热是允许的。但是当其正常运行遭到破坏时，发热量增加引起温度升高，就有可能引起火灾。

引起电焊设备过热的不正常运行大致有以下几种原因：

（1）短路。焊接电源绝缘层的老化变质；受到高温、潮湿和腐蚀作用而失去绝缘能力；绝缘导线直接缠绕、勾挂在铁器上；由于磨损或导电性粉尘、纤维进入电焊设备以及接线和操作失误等，都可能造成短路事故。

（2）超负荷（过载）。允许连续通过而不致使导线过热的电流量，称为导线的安全电流。超过电流安全值，则称为导线超负荷。它将使导线过热而加速绝缘层老化，甚至变质损坏引起短路着火事故。

（3）接触不良。接触部位（如导线与导线的连接，或导线与接线柱的连接）是电路中的薄弱环节，也是发生过热的主要部位。由于接触表面粗糙不平，有氧化皮或连接不牢等原因造成的接触不良，会引起局部接触电阻过大而产生过热。使得导线、电缆的金属芯变色甚至熔化，并能引起绝缘材料、可燃物质或积留的可燃性灰尘燃烧。

（4）其他原因。通风不好、散热不良等可造成电焊过热；弧焊变压器的铁芯绝缘损坏或长时间过电压，使涡流损耗和磁滞增加也可引起过热等。

2. 电火花和电弧

电火花是电极间击穿放电的结果，电弧是电极间持久有力的放电现象。电火花和电弧的温度都很高，不仅能引起可燃物燃烧，还能使金属熔化、飞溅，构成危险火源。不少电焊火灾爆炸事故都是由此引起的。

电火花分为工作火花和事故火花两类。工作火花是电焊设备正常工作或正常焊接操作中产生的火花，如直流弧焊发电机电刷与整流子滑动接触处的火花，闪光对焊时的火花等。事故火花包括线路或设备发生故障时出现的火花，如由于焊接电缆连接处松动而产生的火花等。此外，在电焊操作过程中还会由于熔融金属的飞溅，以及因电气火灾与爆炸而发生的灼烫事故。

第五节　焊接电缆及焊钳安全技术

一、焊接电缆安全技术

焊接电缆使用时应注意长度要适当、截面积合理、接头尽量少及维护检修等方面。

（1）焊接电缆应具有良好的导电能力和绝缘外层，一般焊接铜芯（多股细线）线外包胶皮绝缘套制成，绝缘电阻不小于 $1M\Omega$。

（2）轻便柔软，能任意弯曲和扭转便于操作。

（3）焊接电缆应具有良好的机械损伤能力，耐油、耐热和耐腐蚀的性能。

（4）焊接电缆的长度应根据具体情况来决定，太长电压增加大，太短对工作不方便，一般电缆长度取 20~30m。

（5）要有适当截面积，焊接电缆的截面积应该根据焊接电流的大小，按规定选用，以便保证导线不致过热而烧毁绝缘层。

（6）焊接电缆应用整根的，中间不应有接头，如需用短线接长时，则接头不应超过两个，接头用铜做成，要坚固可靠绝缘良好。

（7）严禁利用厂内的金属构造、管道或其他金属搭接起来作为导线使用。

（8）不得将焊接电缆放在电炉附近或炽热的焊缝金属旁，以避免烧坏绝缘层，同时也要避免碾压磨损。

（9）焊接电缆与焊机的接线，必须采用铜或铅线鼻子，以避免二次端子板烧坏造成火灾。

（10）焊接电缆的绝缘情况应每半年进行一次检查。

（11）焊机与配电盘连接的电源线，因电压高，除保证良好的绝缘外，其长度不应超过 3m，如确需较长的导线时，应采取间隔的安全措施，即应离地面 2.5m 以上沿墙用瓷瓶铺设，严禁电源线沿地铺设，更不要落入泥水中。

二、焊钳（焊枪）安全技术

（1）手弧焊焊钳的重量不得超过 600g，要采用国家定型产品。

（2）有良好的绝缘性能和隔热能力。手柄要有良好的绝热层，以防发热烫手。气体保护焊的焊枪头应用隔热材料包裹保护。焊钳由夹条处至握柄连接处止，间距为 150mm。

（3）焊钳和焊枪与电缆的连接必须简便牢靠，连接处不得外露，以防触电。

（4）等离子焊枪应保证水冷却系统密封，不漏气、不漏水。

（5）手弧焊焊钳应保证在任何倾斜下都能夹紧焊条，更换方便。

第六节　弧焊电源安全技术措施及维护保养

一、弧焊电源安全装置

1. 焊机保护性接地或接零安全技术条件

（1）所有交流焊机、旋转式直流电焊机和焊接整流器的外壳，均必须装设保护性接地或接零装置。

（2）焊机的接地装置可用铜棒或无缝钢管作接地极，打入地下深度不小于 1m，接地电阻应小于 4Ω。

（3）焊机的接地装置可以广泛利用自然接地极，例如铺设于地下的属于本单位独立系统的自来水管或与人地有可靠连接的建筑物的金属结构等，但氧气和乙炔管道以及其他可燃易爆物品的容器和管道严禁作为自然接地极。

（4）自然接地极电阻超过 4Ω 时，应采用人工接地极。

（5）弧焊变压器的二次线圈与焊件相接的一端也必须接地（或接零）。但二次线圈一端接地或接零时，焊件不应接地或接零。

（6）凡是在有接地或接零装置的焊件上（如机床的部件）进行电焊时，都应将焊件的接地线（或接零线）暂时拆除，焊完后再恢复。在焊接与大地紧密相连的焊件（如自来水管路、房屋的金属立柱等）时，如果焊件的接地电阻小于 4Ω，则应将焊机二次线圈一端的接地线或接零线暂时解开，焊完后再恢复。总之，变压器二次端与焊件不应同时存在接地或接零装置。

（7）所有电焊设备的接地（或接零）线，不得串联接入接地体或零线干线。

（8）连接接地线或接零线时，应首先将导线接到接地体上或零线干线上，然后将另一端接到电焊设备外壳上；拆除接地线或接零线的顺序则恰好与此相反，应先将接地（或接零）线从设备外壳上拆下，然后再解除与接地体或接零线干线的连接，不得颠倒顺序。

2. 弧焊机空载自动断电保护装置

（1）弧焊机一般都应装设空载自动断电保护装置；在高空、水下、容器管道内或船舱等处的焊接作业，焊机必须安装空载自动断电装置。

（2）为了达到安全和节电的目的，焊机空载自动断电装置应能满足以下基本要求：对焊机引弧无明显影响；保证焊机空载电压在安全电压以下；装置的最短断电延时为 $1\pm0.3s$；降低空载损耗不低于 90％。

二、焊接电源安全使用原则

（1）焊机一次线（动力线）要有足够截面积，最大允许电流等于或稍大于电焊机初级额定电流，其长度不宜超过 2～3m。

（2）电焊机必须绝缘良好，使用前除去灰尘并检查其绝缘电阻。

（3）电焊机外露的带电部分应设有完好的防护（隔离）装置。电焊机裸露接线柱必须设有防护罩，以防人员或金属物体与之相接触。

（4）电焊机平稳的安放在通风良好、干燥的地方、焊机的工作环境应与技术说明上规定相符。

（5）防止电焊机受到碰撞或剧烈震动。室外使用的电焊机必须有防雨雪的防护措施。

（6）电焊机必须有独立专用的电源开关，其容量应符合要求。禁止多台电焊机共用一个电源开关。电源控制装置应装在电焊机附近便于操作的地方，周围应留有安全通道。当焊机超负荷运行时，应能自动切断电源。

（7）室外作业的电焊机，临时动力线应沿墙或立柱用瓷瓶隔离布设，其高度必须距地面 2.5m 以上，不允许将电源线拖在地面上，焊接工作完毕后应立即拆除。

（8）禁止电焊机上放置任何物件和工具。

（9）启动电焊机时，焊钳与焊件不能短路；暂停工作时，也不得将焊钳直接搁在焊件或焊机上。

（10）工作完毕或临时离开现场时，必须切断焊接电源。

（11）焊机的安装、修理及检查应由电工负责进行。

（12）作业现场有腐蚀性、导电气体或飞扬粉尘，必须对电焊机进行隔离防护。

（13）使用电焊机时，注意避免因飞溅或漏电引起的火花造成火灾事故。

（14）电焊机必须定期进行检查。

第七节　特殊焊接作业安全技术

化工及燃料容器（如塔、罐、柜、槽、箱、桶等）和管道在使用中因受内部介质压力、温度、腐蚀的作用，或因结构、材料、焊接工艺等缺陷，时常出现裂纹和穿孔，所以要定期检修。有时在生产过程中就需进行抢修。由于化工生产具有高度连续性的特点，所以这类设备和管道的焊补工作往往是时间紧、任务急，而且要在易燃、易爆、易中毒、高温或高压的复杂情况下进行，稍有疏忽就会发生爆炸、火灾和中毒事故，甚至引起整座厂房、燃料供应系统爆炸着火，造成严重后果。因此，在进行化工及燃料容器和管道的焊割作业时，必须采取切实可靠的防爆、防火和防毒等技术措施。

一、置换动火与带压不置换动火

化工及燃料容器和管道的焊补，目前主要有置换动火和带压不置换动火两种方法。凡利用电弧或火焰进行焊接或切割作业的，均为动火，或称动火作业。

1. 置换动火

置换动火就是在焊补前用水和不燃气体置换容器或管道中的可燃气体，或用空气置换容器或管道中的有毒有害气体，使容器或管道内的可燃气体或有毒有害气体的含量符合规定的要求，从而保证焊补作业安全。

置换动火是一种比较安全妥善的办法，在容器、管道的生产检修工作中被广泛采用。但是采用置换法时，容器、管道需要暂停使用，而且要用其他介质进行置换。在置换过程中要不断取样分析，直至合格后才能动火，动火后还需再置换，显得费时麻烦。另外，如果管道中弯头死角多，则往往不易置换干净而留下隐患。

2. 带压不置换动火

带压不置换动火，就是严格控制含氧量，使可燃气体的浓度大大超过爆炸上限，然后让它以稳定的速度，从管道口向外喷出，并点燃燃烧，使其与周围空气形成一个燃烧系统，并保持稳定地连续燃烧。然后，即可进行焊补作业。

带压不置换法不需要置换原有的气体，有时可以在设备运转的情况下进行，手续少，作业时间短，有利于生产。这种方法主要适用于可燃气体的容器与管道的外部焊补。由于这种方法只能在连续保持一定正压的情况下才能进行，控制难度较大，而且没有一定的压力就不能使用，有较大的局限性，因此，目前应用不广泛。

二、燃料容器、管道补焊时发生爆炸火灾的原因

（1）焊接动火前对容器或管道内外气体的取样分析不准确，或取样部位不适当，结果在容器、管道内或动火点周围存在着爆炸性混合物。

（2）在焊补过程中，周围条件发生了变化。

（3）正在检修的容器与正在生产的系统未隔离，发生易爆气体互相串通，进入焊补区域，或是生产系统放料排气遇到火花。

（4）在具有燃烧和爆炸危险的车间、仓库等室内进行焊补作业。

（5）焊补未经安全处理或未开孔洞的密封容器。

三、置换焊补的安全技术措施

1. 固定动火区

为使焊补工作集中，便于加强管理，厂里和车间内可划定固定动火区。凡可拆卸并有条件移动到固定动火区焊补的物件，必须移至固定动火区内焊补，从而减少在防爆车间或厂房内的动火工作。固定动火区必须符合下列要求，

（1）无可燃气管道和设备，并且周围距易燃易爆设备管道10m以上。

（2）室内的固定动火区与防爆的生产现场要隔开，不能有门窗、地沟等串通。

（3）生产中的设备在正常放空或一旦发生事故时，可燃气体或蒸汽不能扩散到动火区。

（4）要常备足够数量的灭火工具和设备。

（5）固定动火区内禁止使用各种易燃物质。

（6）作业区周围要划定界限，悬挂防火安全标志。

2. 实行可靠隔绝

现场检修，要先停止待检修设备或管道的工作，然后采取可靠的隔绝措施，使要检修、焊补的设备与其他设备（特别是生产部分的设备）完全隔绝，以保证可燃物料等不能扩散到焊补设备及其周围。可靠的隔绝方法是安装盲板或拆除一段连接管线。盲板的材料、规格和加工精度等技术条件一定要符合国家标准，不可滥用，并正确装配，必须保证盲板有足够的强度，能承受管道的工作压力，同时严密不漏。在盲板与阀门之间应加设放空管或压力表，并派专人看守。对拆除管路的，注意在生产系统或存有物料的一侧上好堵板。堵板同样要符合国家标准的技术条件。同时，还应注意常压敞口设备的空间隔绝，保证火星不能与容器口逸散出来的可燃物接触。对有些短时间的焊补检修，可用水封切断气源，但必须有专人在现场看守水封溢流管的溢流情况，防止水封失效。总之，不认真做好隔绝工作不得动火。

3. 实行彻底置换

做好隔绝工作之后，设备本身必须排尽物料，把容器及管道内的可燃性或有毒性介质彻底置换。在置换过程中要不断地取样分析，直至容器管道内的可燃、有毒物质含量符合安全要求。

常用的置换介质有氮气、水蒸气或水等。置换的方法要视被置换介质与置换介质的比重而定，当置换介质比被置换介质比重大时，应由容器或管道的最低点送进置换介质，由最高点向外排放。以气体为置换介质时的需用量一般为被置换介质容积的 3 倍以上。某些被置换的可燃气体有滞留的性质，或者同置换气体的比重相差不大，此时应注意置换的不彻底或两者相互混合。因此，置换的彻底性不能仅看置换介质的用量，而要以气体成分的化验分析结果为准。以水为置换介质时，将设备管道灌满即可。

4. 正确清洗容器

容器及管道置换处理后，其内外都必须仔细清洗。因为，有些可燃易爆介质被吸附在设备及管道内壁的积垢或外表面的保温材料中，液体可燃物会附着在容器及管道的内壁上。如不彻底清洗，由于温度和压力变化的影响，可燃物会逐渐释放出来，使本来合格的动火条件变成了不合格，从而导致火灾爆炸事故。

清洗可用热水蒸煮、酸洗、碱洗或用溶剂清洗，使设备及管道内壁上的结垢物等软化溶解而除去。采用何种方法清洗应根据具体情况确定。碱洗是用氢氧化钠（烧碱）水溶液进行清洗的，其清洗过程是，先在容器中加入所需数量的清水，然后把定量的碱片分批逐渐加入，同时缓慢搅动，待全部碱片均加入溶解后，方可通入水蒸气煮沸。蒸汽管的末端必须伸至液体的底部，以防通入水蒸气后有碱液泡沫溅出。禁止先放碱片后加清水（尤其是热水），因为烧碱溶解时会产生大量的热，涌出容器管道而灼伤操作者。

对于用清洗法不能除尽的垢物，由操作人员穿戴防护用品，进入设备内部用不发火的工具铲除，如用木质、黄铜（含铜 70％以下）或铝质的刀、刷等，也可用水力、风动和电动机械以及喷砂等方法清除。置换和清洁必须注意不能留死角。

5. 空气分析和监视

动火分析就是对设备和管道以及周围环境的气体进行取样分析。动火分析不但能保证开始动火时符合动火条件，而且可以掌握焊补过程中动火条件的变化情况。在置换作业过程中和动火作业前，应不断地从容器及管道内外的不同部位取气体样品进行分析，检查易燃易爆气体及有毒有害气体的含量。检查合格后，应尽快实施焊补，动火前半小时内分析数据是有效的，否则应重新取样分析。取样要注意取样的代表性，以使数据准确可靠。焊补开始后每隔一定时间仍需对作业现场环境作分析，动火分析的时间间隔则根据现场情况来确定。若有关气体含量超过规定要求，应立即停止焊补，再次清洗并取样分析，直到合格为止。

气体分析的合格要求是：

（1）可燃气体或可燃蒸气的含量：爆炸下限大于 4％的，浓度应小于 0.5％；爆炸下限小于 4％的，浓度则应小于 0.2％；

（2）有毒有害气体的含量应符合《工业企业设计卫生标准》的规定；

（3）对于操作者需进入内部进行焊补的设备及管道，氧气含量应为 18％～21％。

6. 严禁焊补未开孔洞的密封容器

焊补前应打开容器的人孔、手孔、清洁孔及料孔等，并应保持良好的通风。严禁焊补未开孔洞的密封容器。

在容器及管道内需采用气焊或气割时，焊炬、割炬的点火与熄火应在容器外部进行，以防过多的乙炔气聚集在容器及管道内。

7. 安全组织措施

（1）必须按照规定的要求和程序办理动火审批手续。目的是制定安全措施，明确领导者的责任。承担焊补工作的焊工应经专门培训，并经考核取得相应的资格证书。

（2）工作前要制定详细的切实可行的方案，包括焊接作业程序和规范、安全措施及施工图等，并通知有关消防队、急救站、生产车间等各方面做好应急安排。

（3）在作业点周围 10m 以内应停止其他用火工作，易燃易爆物品应移到安全场所。

（4）工作场所应有足够的照明，手提行灯应采用 12V 安全电压，并有完好的保护罩。

（5）在禁火区内动火作业以及在容器与管道内进行焊补作业时，必须设监护人。监护的目的是保证安全措施的认真执行。监护人应由有经验的人员担任。监护人应明确职责、坚守岗位。

（6）进入容器或管道内进行焊补作业时，触电的危险性最大，必须严格执行有关安全用电的规定，采取必要的防护措施。

四、带压不置换焊补的安全技术措施

1. 严格控制含氧量

目前，有的部门规定氢气、一氧化碳、乙炔和发生炉煤气等的极限含氧量以不超过 1％作为安全值，它具有一定的安全系数。在常温常压情况下氢气的极限含氧量约为 5.2％，但考虑到高压、高温条件的不同，以及仪表和检测的误差，所以规定为 1％。带压不置换焊补之前和焊补过程中，必须进行容器或管道内含氧量的检测。当发现系统中含氧量增高，应尽快找出原因及时排除，否则应停止焊补。

2. 正压操作

在焊补的全过程中，容器及管道必须连续保持稳定正压，这是带压不置换动火安全的关键。一旦出现负压，空气进入正在焊补的容器或管道中，就容易发生爆炸。

压力一般控制在 0.015～0.049MPa（150～500 毫米水柱）为宜。压力太大，气流速度增大，造成猛烈喷火，给焊接操作造成困难，甚至使熔孔扩大，造成事故；压力太小，容易造成压力波动，焊补时会使空气渗入容器或管道，形成爆炸性混合气体。

3. 严格控制工作点周围可燃气体的含量

无论是在室内还是在室外进行带压不置换焊补作业时，周围滞留空间可燃气体的含量，以小于 0.5％为宜。分析气体的取样部位应根据气体性质及房屋结构特点等正确选择，以保证检测结果的正确性和可靠性。

室内焊补时，应打开门窗进行自然通风，必要时，还应采取机械通风，以防止爆炸性混合气体的形成。

4. 焊补操作的安全要求

有关安全组织措施同置换焊补安全组织措施。

（1）焊工在操作过程中，应避开点燃的火焰，防止烧伤。

（2）焊接操作工艺应按规定的工艺预先调节好，焊接电流过大或操作不当，在介质压力的作用下容易引起烧穿，以致造成事故。

（3）遇周围条件有变化，如系统内压力急剧下降或含氧量超过安全值等，都要立即停止焊补，待查明原因采取相应对策后，才能继续进行焊补。

（4）在焊补过程中，如果发生猛烈喷火现象时，应立即采取消防措施。在火未熄灭前，不得切断可燃气来源，也不得降低或消除容器或管道的压力，以防容器或管道吸入空气而形成爆炸性混合气体。

第八节　焊接、切割过程中的有害因素及其危害

焊接、切割工作中的有害因素大体有七类，如弧光、焊接烟尘、有毒气体、射线、噪声、高频电磁场和热辐射等。这些有害因素往往与材料的化学成分、焊接方法、焊接工艺规范等有关。按性质分为物理因素，包括弧光、噪声、高频电磁场、热辐射、射线等；化学因素包括焊接烟尘、有毒气体等。

一、弧光

焊接过程中的弧光由紫外线、红外线和可见光组成，属于热线谱，属于电磁辐射范畴。

光辐射是能量的传播方式。波长与能量成反比关系。光辐射作用到人体上，被体内组织吸收，引起组织的热作用、光化学作用或电离作用，致使人体组织发生急性或慢性损伤。

（1）红外线。眼睛受到强红外线的辐射，会有灼痛感，时间过长会引起水晶体内障眼睛（白内障），严重的会失眠。

（2）紫外线。焊接电弧产生的强烈的紫外线对人体是有害的，即使短时间照射，也会引起眼睛畏光、流泪、剧痛等症状，重者可导致电光性眼炎。紫外线还能烧伤皮肤，有烧灼感、红肿、发痒、脱皮。

（3）可见光线。焊接电弧可见光的光度，比眼睛正常承受的光度大一万倍左右。受到强可见光的照射，会使眼睛发花、疼痛，通常称为"晃眼"，长期照射会导致视力减弱。

光辐射防护主要是保护焊工眼睛和皮肤不受伤害。焊工从事明弧焊接时，必须使用镶有特制护目镜片的面罩或头盔，护目镜片有吸收式、反射式和液晶显示式，根据颜色深浅分几种牌号，应按焊接电流强度选用。

二、焊接烟尘

在温度高达 $3000 \sim 6000℃$ 的电器焊过程中，焊接原材料中金属元素的蒸发气体，在空气中迅速氧化、冷凝，从而形成金属及其化合物的微粒。直径小于 $0.1\mu m$ 的微粒称之为烟，直径在 $0.1 \sim 10\mu m$ 的微粒称为尘。这些烟和粉尘的微粒漂浮在空气中使形成了烟尘。

电焊烟尘的化学成分取决于焊接材料和母材成分及其蒸发的难易程度。熔点和沸点低的成分蒸发量较大，是熔化金属的蒸发式焊接烟尘的重要来源。低氢型焊条焊接时，还会产生有毒的可溶性氟。低氢型焊条发尘量约为酸性焊条的两倍。

在防护不力、措施不良的环境下，焊工长期接触烟尘，则有可能导致焊工尘肺、焊工锰中毒、焊工氟中毒和焊工金属热等病症。国家标准《车间空气中电焊烟尘卫生标准》（GB 16194—1996）中，将电焊烟尘的最高允许浓度规定为 $6mg/m^3$。

1. 焊工尘肺

焊工尘肺是指长期吸入超过规定浓度的粉尘所引起的肺组织弥散性纤维化的病症。1987 年，国家将"电焊工尘肺"正式规定为职业病。近来，由于焊接工艺的进展，新的焊接材料成分复杂，经现场分析，证明焊接区周围空气中除大量氧化铁或铝等粉尘之外，尚有多种具有刺激性和促使肺组织纤维化的有毒因素，例如硅、硅酸盐、锰、铬、氟化物及其他金属氧化物。此外，还有臭氧、氮氧化物等混合烟尘及有毒气体。虽然人体对粉尘具有良好的防御功能，但如果防尘措施不好，长期吸入浓度较高的粉尘，仍可产生对肌体不良的影响，形成焊工尘肺。

焊工尘肺的发病比较缓慢，多在不良条件下焊接 10 年以上，有的长达 $15 \sim 20$ 年以上才发病。发病主要表现为呼吸系统症状，有气短、咳嗽、咳痰、胸闷和胸痛，部分焊工患者可呈无力、食欲减退、体重减轻、神经衰弱等症（如头痛、头晕、失眠、嗜睡、多梦、记忆力减退等），同时影响肺功能。

2. 焊工锰中毒

锰蒸汽在空气中能很快地氧化成灰色的一氧化锰及棕红的四氧化三锰等锰的氧化物烟尘，如果防护不良，就会被大量吸入人体内，造成锰中毒。

进入体内的锰及其化合物在消化道内吸收慢而不完全，大部分经肝脏随胆汁和大便排出，少量从小便排走，余量则在血液循环中与蛋白质相结合，以难溶的盐类形式积蓄在脑、肝、肾、骨髓、淋巴结和毛发等处。锰及其化合物主要作用于末梢神经核中枢神经系统，能引起严重的器质性改变。

锰中毒发病很慢，约在 $3 \sim 5$ 年后，有的长达 20 年后才发病。早期病状为乏力、头痛、头晕、失眠、记忆力减退以及植物神经系统紊乱。进一步发展，神经系统病症明显，动作迟缓，甚至走路左右摇摆，书写时呈"小书写症"（振颤）等。

为了防止锰中毒，我国基本上已经不使用氧化锰型焊条（高锰钢焊接的电焊工除外），锰中毒已不再是焊接作业中值得注意的职业危害。

3. 焊工金属热

焊接金属烟尘中直径在 $0.05\sim0.5\mu m$ 的氧化铁、氧化锰微粒和氟化物等，通过上呼吸道进入末梢支气管和肺泡，引起焊工金属热反应。主要症状是工作后发烧、寒颤、口内金属味、恶心、食欲不振等，早晨经发汗后症状减轻。

三、有毒气体

电气焊时，特别是电弧焊，焊接区的周围空间由于电弧高温和强烈紫外线的作用，形成多种有毒气体，主要有臭氧、氮氧化合物、一氧化碳和氟化氢等。各种有毒气体被吸入体内，会影响身体健康。

1. 臭氧

臭氧是氧的同为异形体，气态呈浅蓝色，有臭味，性极活泼，是强氧化剂，易分解（$O_3 \rightarrow O_2 \rightarrow O$）。微量臭氧对人体无害，在 $0.1\sim0.399PPm$ 时产生危害。臭氧对人体的危害。往往是对呼吸道及肺有强烈刺激作用，浓度超过一定极限时，往往引起咳嗽、胸闷、食欲不振、疲劳无力、头晕、全身疼痛等症状，严重时会引起支气管炎。

我国卫生标准规定，臭氧最高允许浓度为 $0.3mg/m^3$。臭氧对人体的作用是可逆的，由臭氧引起的呼吸系统症状，一般在脱离后即可得到恢复。恢复期长短取决于臭氧影响程度以及人体体质。

2. 氮氧化合物

氮氧化合物种类较多，属具有刺激性的有毒气体，主要有氧化亚氮、一氧化氮、二氧化氮等。其中氧化亚氮和一氧化氮不稳定，易转变为二氧化氮。

氮氧化物对人体的毒害作用主要是对肺的刺激。高浓度的二氧化氮吸入肺泡后，由于肺泡内的湿度增加，反应加快，在肺泡内约阻留 80%，逐渐与水作用形成硝酸与亚硝酸。

硝酸和亚硝酸对肺组织产生强烈的刺激和腐蚀作用，引起慢性中毒，表现为神经衰弱，如失眠、头痛、食欲不振、体重下降等。此外，还能引起上呼吸道黏膜发炎、慢性支气管炎等。急性中毒时，轻者仅发生支气管炎，重度重度时咳嗽，激烈时可出现肺水肿、呼吸困难、虚脱、全身软弱无力等症状。

氮氧化合物对人体的作用也是可逆的。在焊接过程中，一般氮氧化合物和臭氧同时存在，使毒性倍增，对人体的危害提高 $15\sim20$ 倍。

3. 一氧化碳

一氧化碳是一种毒性很强的无色无嗅可燃气体。在日光作用下，一氧化碳和氧气能化合成光气。一氧化碳的毒性作用在于对血红蛋白有很强的结合能力，比氧与血红蛋白的结合能力大 $200\sim300$ 倍。电气焊时都会产生一氧化碳气体，二氧化碳气体保护焊时更甚。

一氧化碳是一种窒息性气体，通过呼吸道进入血液，降低血液的带氧能力，是人体组织缺氧坏死。严重的一氧化碳中毒会发生呼吸及心脏活动障碍，大小便失禁，反射消失，甚至窒息致死。

4. 氟化氢

氟化氢常以二分子状态（H_2F_2）存在，是一种具有刺激气味的无色气体或液体，呈弱酸性，在空气中发出烟雾，蒸汽具有十分强烈的腐蚀性和毒性。

用碱性焊条焊接时，药皮中的萤石在高温下会产生氟化氢气体。

吸入较高浓度的氟化氢气体，可立即引起眼、鼻和呼吸道刺激症状，严重时会导致支气管炎、肺炎等。

我国卫生标准规定，氟化氢的最高允许浓度为 $1mg/m^3$。

四、射线

钨极是手工钨极氩弧焊、等离子弧焊的非熔化电极，常用钨极材料的有纯钨极、钍钨极和铈钨极三种。

纯钨极易烧损，对电源空载电压要求高，承载电流能力小，目前已不适用。钍钨极加入了 1%～2% 的氧化钍钨，使钨极具有较高的发射电子能力，降低了空载电压，增大了电流许用范围，交流时的许用电流值比同直径的纯钨极高 1/3。但钍是天然放射性物质，能放射出 α、β、γ 三种射线，具有微量的放射性，在磨削电极与焊接时要注意防护。烟尘中的钍或磨削产生的粉尘及其衰变产物一旦被吸入人体内，就很难排出体外，形成内照射。外照射通过屏蔽、隔离即可将危害减低到最小程度。γ 射线危害最大，但其仅占射线总量的 1%。如果射线剂量不超过允许值时，不会对人体构成危害。但当人体长时间超剂量的照射，便可引起射线病。造成中枢神经系统、造血器官和消化系统的疾病。铈钨极是在钨极中加入 2% 的氧化铈，目前是理想的电极材料，已被广泛应用。

据有关单位测定，在焊接区射线剂量一般都低于最高允许值，但在钍钨极修磨处和存放地点，射线剂量高于焊接区，并可达到和接近最高允许值。

另外，真空电离子束焊发射的 X 射线光子能量比较低，一般只会对人体造成外照射，危害程度较低，但长期受较高能量的 X 射线照射，则可能引起慢性辐射损伤，出现神经衰弱和白细胞下降等疾患。

五、高频电磁场

随着氩弧焊和等离子焊接的广泛应用，在焊接过程中存在一定强度的电磁辐射，构成局部生产环境的污染。电磁辐射由电磁波构成，较强的电磁辐射使人们的健康受到损害。

非熔化极氩弧焊和等离子弧焊引燃电弧时，需由高频震荡器来激发引弧，此时，振荡器要产生强烈的高频震荡，击穿钨极与工作或喷嘴间的空气间隙，引燃电弧。另外，一部分能量以电磁波的形式向空间辐射，即形成高频电磁场。手工钨极氩弧焊时，焊工手部的电磁场强度为 110V/m，超过高频电磁场的参考卫生标准（20V/m）五倍多，身体其余部分超过标准 2～3 倍。

高频电磁场只在引弧的瞬间（2～3 秒）存在。

高频电磁场强度的大小，与高频设备的输出功率、工作频率、距离，以及设备与传输线路及有无屏蔽等因素有关。

人体在高频电磁场作用下，能吸收一定的辐射能量，产生生物学效应，也就是"制热作用"。长期接触场强较大的高频电磁场的工人，能引起神经功能紊乱和神经衰弱，表现为头晕、乏力、记忆力减退、血压波动、心悸、胸闷、消瘦、轻度贫血等。

六、噪声

在等离子喷焊、喷涂、切割或使用风铲、碳弧气刨时，会发出很强的噪声。等离子流的喷射速度可达 10000m/min，噪声在 100dB 以上。喷涂时的噪声可达 123dB，频率在31.5～32000Hz，较强噪声的频率均在 1000Hz 以上。

噪声对人的危害程度与噪声的频率及强度、噪声源的性质、在噪声环境中的暴露时间、工种、身体状况等因素有关。

下列范围的噪声不至于对人体造成危害：频率小于 300Hz 的低频噪声，容许强度为90～100dB；频率在 300～800Hz 的中频噪声，容许强度为 85～90dB；频率大于 800Hz 的高频噪声，容许轻度为 75～85dB。超过上述范围的噪声将造成危害。

噪声的危害主要表现为噪声性外伤、噪声性耳聋，以及对神经、血管系统的危害等。

七、热辐射

焊接作业场所由于焊接电弧、焊件预热以及焊接过程等热源的存在，所以在施焊过程中有大量的热能以辐射形式向焊接作业环境中扩散，形成热辐射。

焊接环境的高温，可导致作业人员代谢机能的显著变化，可以引起作业人员身体大量地出汗、中暑，导致人体内的水盐比例失调，出现不适应症状，同时，还会增加人体触电的危险性。

综上所述，焊接过程中的有害因素及其对焊工身体的健康危害，只要采取有效防护措施，是可以将危害程度减轻或削弱的。

第九节 焊接与切割的劳动卫生防护措施

在焊接和切割过程中，无论哪种工艺方法，单一有害因素存在的可能性很小，除各自不同的主要有害因素外，其他有害因素还会同时存在。但是在焊接和切割过程中，注意认真执行安全操作规程，采用较先进的防护措施，加之通过人体自己的解毒和排泄功能，能够将危害减到最低程度，从而可以避免有害因素造成的损伤。

所有的焊接作业都会产生气体和粉尘两种污染物，其中以焊条电弧焊烟尘危害最严重。碳钢焊条药皮由多种矿物质、铁合金粉、有机及无机化合物等组成，在焊接过程中起着冶金处理、机械保护、改善工艺性能等作用。

目前使用的焊条发尘量大部分都能满足国家有关标准，但焊接车间烟尘浓度却大大超过国家标准的规定，狭窄、密闭的容器和管道内的烟尘则极为严重。

焊条药皮是由多种物质组成，烟尘成分复杂，已在烟尘中发现的元素多达 20 余种。

在碳钢焊条中，以低氢型焊条烟尘中可溶性物质最多，占烟尘总量的一半以上。钛钙型和钛铁矿型焊条烟尘中可溶性物质约占烟尘总量的 1/4 左右。对不锈钢焊条，烟尘中可溶性物质占烟尘总量的一半以上。

在普通显微镜下观察，烟尘形态为大小不同的微粒，90％以上的粒子直径小于 1μm。用 2 万倍显微镜观察其亚微观结构，可见烟尘为球形粒子，直径有 0.04～0.4μm，因粒子带电荷，故有凝聚力，常以粒子群存在，电焊烟尘是一种无机性烟尘。

预防焊接、切割作业过程中危害工人健康的措施主要有通风技术措施、个人防护措施、改革焊接工艺和改进焊接材料四个方面。

一、通风技术措施

焊接、切割作业场所的通风技术措施的目的是减少或消除粉尘和有毒气体，把新鲜空气送到作业场所，排出有害物质及被污染的空气，创造良好的作业环境。

通风可以分为自然通风与机械通风两大类。自然通风借助于风压和温压的作用，按空气的自然流通方向而进行的通风，可分为全面自然通风和局部自然通风两类。机械通风是依靠通风机产生的压力实现换气，可分为全面机械通风和局部机械通风两类。

凡是通过调整和管理可以改善作业场所空气卫生条件的自然换气，均称为自然通风。凡是借助机械的动力来迫使空气按要求方向运动的，称为机械通风，有机械送风与机械排气两种方式。

焊接作业常采用机械通风方式，机械排气又以比较经济的局部排气方式广泛使用，能快速有效地将作业点的有害气体强行排出作业区，是一种排风效果较好的焊接通风措施。排风系统的结构形式如图8-3所示。

根据焊接产生条件的特点不同，常用局部排风装置的结构形式有固定式、移动式和随机式三种。

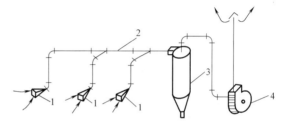

图 8-3　局部排风系统示意图
1—局部排烟罩；2—风管；3—净化设备；4—风机

1. 固定式排烟装置

固定式排烟装置有上抽式、下抽式和侧抽式三种，这类装置适合于焊接操作地点固定、工件较小的情况下采用，其中下抽式排风方法使焊接操作方便，排风效果较好。

固定式排烟装置如图 8-4 所示。

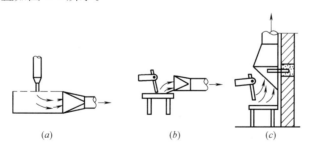

图 8-4　固定式排烟装置
(a) 下抽式；(b) 侧抽式；(c) 上抽式

设置这种通风装置，应符合以下要求：排烟途径要合理，有毒气体、粉尘等不得经过操作者的呼吸地带，排出口的风速以 1～2m/s 为宜，排出管的出口高度必须高出作业厂房顶部 1～2m。

2. 移动式排烟装置

这类通风装置结构简单轻便，可根据焊接地点和操作位置的需要随意移动。焊接时将吸风头置于电弧附近，开动风机即能有效地将有毒气体及烟尘吸走。在密封结构、化工容器和管道内施焊，或大作业厂房非定点施焊时效果良好。图 8-5 所示为移动式设备在容器内应用实例。

移动式排烟装置的排烟系统是由小型离心风机、通风软管、过滤器和排烟罩组成，常用有净化器固定吸头引动式和风机与吸头移动式两种。

净化器固定吸头移动式排烟装置采用风机和过滤装置，吸头通过软管可以在一定范围内随意移动，其排烟系统示意图如图 8-6 所示，主要用于大作业厂房非定点施焊。

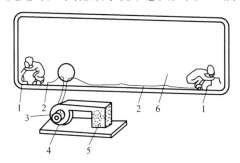

图 8-5　容器内排烟示意

1—排烟罩；2—软管；3—电动机；

4—风机；5—过滤器；6—容器

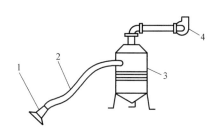

图 8-6　净化器固定吸头移动式排烟系统

1—吸风头；2—软管；3—过滤器；4—风机

风机与吸头移动式排烟装置的风机、过滤器和吸头可根据焊接需要随意移动，使用灵活、效果显著，其排烟系统示意如图 8-7 所示移动式排烟罩的效果主要依靠调节吸风头与电弧间的距离来实现。

3. 随机式排烟装置

随机式排烟装置被固定在自动焊接头上或附近位置，可分为近弧排烟装置和隐弧排烟装置，以隐弧排烟装置效果更好。使用隐弧式排烟装置时，应严格控制风速和风压，以保证保护气体不被破坏，否则难以保证焊接质量。

4. 其他排烟装置

（1）排烟焊枪。排烟焊枪是将排烟罩直接装在焊枪头部的喷嘴上，如图 8-8 所示。焊接时由软管抽出焊接烟尘和有毒气体，经过滤系统排放。抽气泵风量可小到 $1.1 \sim 1.7 \mathrm{m}^3/\mathrm{min}$，但枪体较重，主要适用于 CO_2 气体保护焊等自动和半自动焊接机上。

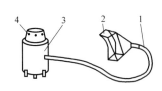

图 8-7　风机和吸头移动式排烟吸头

1—软管；2—吸风头；3—净化器；4—出气口

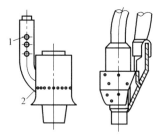

图 8-8　排烟焊枪

1—阀孔；2—辅助孔

（2）强力小风机。排烟装置利用单相低电压 200W 左右的轴流式风机排烟，这种装置是随焊位移动的，主要在自动焊时应用。

（3）气力引射器。其排烟原理是利用压缩空气从主管中调整喷射，造成负压区，从而将焊接烟尘吸出，也称压缩空气引射器。常用于锅炉、压力容器焊接，效果良好。气力引射器的工作原理如图8-9所示。

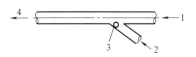

图8-9　气力引射器
1—压缩空气进口；2—污染气体进口；
3—负压区；4—排出口

上述几种类型的排烟装置，应根据不同的作业环境、焊接方式以及焊件的具体情况选用配置。

焊工作业室内净高度低于3.5～4m或每个焊工作业空间小于200m³时，工作间（室、舱、柜等）内部结构影响空气流通，应采用全面通风换气方式。在狭窄空间作业时，为防止焊接作业空间积聚有毒气体，采用局部通风换气方式。对焊接、切割工作中的有毒气体粉尘无法采用通风措施时，应采用送风呼吸器等有效措施。

必须强调无论哪一种方式，应该是切实有效的。必要时应设专人监护确保安全。所有的通风换气设备都应为低噪声的。

总之，焊接作业场所的通风是消除或减少烟尘和有毒气体危害、改善劳动条件的主要技术措施。

二、个人防护措施

加强个人防护措施对防止焊接、切割作业时产生的有毒气体及粉尘危害具有重要意义。个人防护措施是使用包括眼、耳、口、鼻等身体各部位的防护用品，确实达到保护焊工身体健康的目的。其中工作服、手套、鞋、一般眼镜、口罩、头盔、耳罩等为一般防护用品，比较常用。在特殊的工作环境中，必须配套特殊的防护设备。焊工防护用品均应达到国家相关标准技术性能的规定。GB 15701—1995规定焊工防护服、GB 9448—1999规定焊接与切割安全、GB 12624—1990规定劳动保护手套、GB/T 3609.1—1994规定眼、面罩及护目镜、GB/T 11651—1989规定劳动防护用品选用规则、GB 12015规定焊工防护鞋的要求等，要求焊工在焊接操作时应穿戴好劳保用品，即合格的面罩和护目镜、耐火和有绝缘效果的电焊手套、焊工防护服及焊工防护鞋等。焊工防护服以白帆布工作服为最佳，能隔热、不易燃及反射弧光，减少弧光辐射和飞溅对人体烧伤及烫伤的伤害。化纤衣料不宜作工作服。焊工防护鞋应要求耐5kV、2min耐压试验不击穿。

在焊工操作时，如不穿戴电焊手套和焊工防护鞋，则可对该焊工进行安全否定，不允许电焊焊接操作。

1. 弧光辐射防护

焊接弧光辐射包括红外线、紫外线和可见光线。

为保护眼睛及脸部皮肤不受辐射伤害，焊工必须使用镶有特制护目镜片的面罩或头盔。为防止弧光灼伤皮肤，焊工必须穿好工作服，戴好专用焊工防护手套和焊工防护鞋等。为保护焊接工作辅助人员免受辐射伤害，可采用防护屏加以隔离。

2. 焊接烟尘及有毒气体保护

焊接烟尘的主要来源是液态药皮、焊滴和熔池金属的过热→蒸发→氧化→冷凝过程，即熔化金属的蒸发。

通风技术措施是消除焊接烟尘和有毒气体危害的有力措施。局部排烟是用于焊接效果较好的通风措施，目前广泛应用于焊接生产中的局部排烟装置有固定式排烟罩、可移式和随机式排烟罩，此外还有排烟焊枪、压缩空气引射器等。

加强个人防护措施对防止焊接烟尘和有毒气体的危害亦具有重要意义，如送风防护头盔、送风口罩、分子筛除臭氧口罩等。

(1) 送风防护头盔。是在焊工头盔或面罩里面，与呼吸部位固定一个金属或有机玻璃板制成的送风带，新鲜的压缩空气经净化处理后由输气管送进送风带，经小孔喷出。多余空气及呼出的废气自动从里面逸出。送风防护头盔如图 8-10 所示。

送风防护头盔使用时必须用净化空气，禁止使用氧气。冬季应使用经加温后的空气，一般可用电阻丝或暖气管预热。

(2) 送风口罩。送风口罩和送风面罩的目的一样，都是供给焊工一定压力的新鲜空气，使呼气带成正压，阻止有害烟尘的入侵。适宜焊接烟尘浓度高而四周充满烟雾的狭小空间作业，使用时输入气体的流量和压力不必过大。为保证送入气体的清洁，压缩空气应过滤，冬季使用应加热。送风口罩的工作原理如图 8-11 所示。送风口罩要求有较好的密封性、柔软性和舒适感。从密封角度出发，要求口罩造型与脸部吻合且对脸部无压迫感。过滤物质一般采用卫生棉、泡沫塑料及焦炭等。

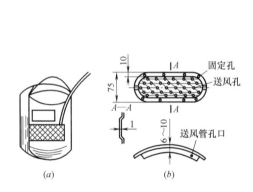

图 8-10 送风防护头盔

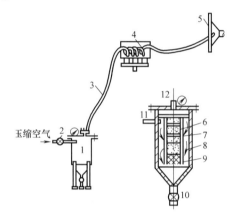

图 8-11 送风口罩工作系统

1—空气过滤器；2—调节阀；3—塑料管；4—空气加热器；
5—口罩；6—压紧的棉花；7—泡沫塑料；8—焦炭粒；
9—瓷环；10—放水阀；11—进气口；12—出气口

(3) 分子筛除臭氧口罩。分子筛除臭氧口罩是由口罩、橡胶通气管和盛分子的罐体组成，其工作系统原理如图 8-12 所示。其除臭氧能力可达 99%～100%。

采用低尘毒焊条，工业机械手，以埋弧焊代替焊条电弧焊，容器管道焊接时采用单面焊双面成形工艺等，都能有效地消除或避免焊接烟尘和有毒气体的危害。

3. 射线防护

用于氩弧焊、等离子焊的钍钨极中钍是放射性物质，可放射 α、β、γ 三种射线，其中 α 射线占总剂量的 90%，β 射线约占 9%，

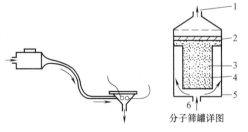

图 8-12 分子筛口罩模式图

1—出气口；2—滤尘尼龙毡；3—分子筛；
4—进气孔；5—罐体；6—进气口

γ射线约占 1%。

射线防护主要是防止含钍的气溶胶和粉尘等进入人体内。具体措施主要有：

（1）采用综合性的防护措施，如对施焊区实行密封，采用机械操作。在生产现场用薄金属板制成密封罩，将焊枪和焊件置于罩内，罩的一侧设有观察防护镜，使焊接过程中所产生的有毒气体、金属氧化物、粉尘及放射性气溶胶等，被最大限度地控制在一定的空间内，通过排气系统和净化装置排到室外。

（2）焊接地点应设有单室，钍钨棒储存地点要固定在地下封闭式箱内，大量存放时应藏于铁箱里，并安装排气管，将有害物质排出室外。

（3）应备有专用砂轮来磨尖钍钨棒，砂轮机要安装除尘设备。砂轮机地面上的磨屑要经常湿式扫除，并集中深埋处理。地面、墙壁最好铺设瓷砖或水磨石，以利清扫污物。磨尖钍钨棒时应带除尘口罩。

（4）电弧焊接操作时，在狭小地点必须戴送风防护头盔或采用其他有效措施。采用密闭施焊时，在操作中不应打开罩体。

（5）推荐使用铈钨极。

（6）合理的工艺规范可以避免钨极的过量烧损。

（7）接触钨棒后应以流动水和肥皂洗手。

4. 高频电磁场防护

高频震荡器的作用在于引弧。每次引弧时间仅有 2～3 秒，一个工作日接触高频时间粗略计算约为 10min 左右，接触时间又不连续。因此在这样的工作环境下，一般不足以造成对焊工的伤害。但是焊接操作场所的危害因素是多方面的，所以仍有必要采取以下措施：

（1）减少高频电的作用时间，若使用振荡器仅为引弧，则引燃点弧后应立即切断振荡器线路（现代焊接、切割设备均有此装置）。

（2）工件应良好地接地，可降低高频电流。接地点距工件越近，情况也能得到改善。

（3）只要能满足引弧需要，应尽量降低高频频率。

（4）采用细铜质编织软线套在电缆胶管外，一端接焊把，另一端接地，能使高频焊电场局限在屏蔽内，从而降低对人体的影响。

5. 噪声防护

碳弧气刨及等离子弧焊接、切割、喷涂以及噪声大的工作场所，必须采取以下噪声防护措施：

（1）等离子弧焊接时的噪声强度与工作气体的种类、流量等焊接工艺参数有关。因此应在符合质量要求前提下，选择低噪声的工艺参数。

（2）选择先进的小型消声器，对降低噪声有较好的效果。

（3）选用较好的耳塞或耳罩降低噪声。常用的为耳研 5 型橡胶耳塞，其隔声效能低频为 10～15dB，中频 20～30dB，高频 30～40dB。

（4）在房屋结构、设备等部分采用吸声或隔声材料，对降低噪声污染也很有效。

6. 热辐射防护

为了防止有毒气体、粉尘的污染，一般焊接作业现场均设置有全面自然通风与局部机械通风装置，这对降温能起到良好的作用。但应当注意的是，采用风扇等作为局部降温设备使用时，勿使风直吹电弧或工人的腰背部，以防止破坏电弧的稳定性及引起疾病。当在锅炉、压力容器与室内焊接时，应向这些容器与室内不断输送新鲜空气，以达到降温的目的。送风装置应与通风排污系统装置结合起来设计，达到统一排污降温的目的。减少或消除容器内部的焊接也是一项主要的防止焊接热污染的技术措施。尽可能采用单面焊双面成形的新工艺，研制单面焊双面成形的新材料，均对减少或避免在容器内部的施焊有很好的作用，从而使操作人员免除或减少受到热辐射的危害。

将焊条电弧焊接工艺改为埋弧自动焊接工艺，由于焊剂层在阻热弧光辐射的同时，也相应地阻挡了热辐射，因而对于防止热污染也是一种很有效的措施。

当预热焊件时，为避免热污染的危害，可将炙热的金属焊件用石棉板一类的隔热材料遮盖起来，仅仅露出焊件的焊接部分，可在很大程度上减少热污染。对于预热温度很高的铬钼钢焊接，以及某些大面积预热的堆焊等，这是不可缺少的。

此外，在工作车间的墙壁上涂覆吸热材料，将热能吸收，以及在必要时设置气幕隔热源等，都可以起到降温的作用。

参 考 文 献

1. 北京市工伤及职业危害预防中心. 焊工. 北京：机械工业出版社，2005.
2. 国家标准. 钢结构焊接规范 GB 50661—2011. 北京：中国计划出版社，2012.
3. 国家标准. 钢结构工程施工质量验收规范 GB 50205—2001. 北京：中国计划出版社，2002.
4. 英若采. 熔焊原理及金属材料焊接. 北京：机械工业出版社，1988.
5. 曹明盛. 物理冶金基础. 北京：冶金工业出版社，1985.
6. 薛迪甘. 焊接概论. 北京：机械工业出版社，1986.
7. 中国钢结构协会. 建筑钢结构施工手册. 北京：中国计划出版社，2002.